산성비 시대의 농업
배출가스 트렌드:
농업을 위한 기상기후활용

Emission trends in Agriculture sector
in Acid Rain

Implications for climate and weather information

김준모

도서출판 지식나무

TO MY LORD JESUS CHRIST

WHO GAVE ME INSPIRATION

머리말

기후변화의 시대에 사는 현세대와 미래세대는 그간의 인간들의 예측치로 가능하기 어려운 자연재해를 맞이하고 있다. 그동안 인류의 과학이 축적해 온 경험치와 예측치, 심지어 인공지능의 시대에 준비된 예측의 지평선을 넘는 자연 현상들이 나타나지 않을 가능성이 오히려 낮아지는 시대가 되고 있다.

이 책의 전작인 산성비의 활용과 지역개발에서는 환경오염으로 덜 각인된 산성비의 수자원으로서의 중요성에 초점을 두고 기획되었다. 이 책은 전작에 이어서 보다 범위를 좁혀서 산성비 시대의 농업이라는 주제로 책을 기획해 보고자 하였다. 기후변화의 시대에서 우리가 누리는 모든 산업적 산물이 소중하지만, 농업의 가치도 재평가되어야 할 필요성이 있다는 점을 인식하면서, 본고에선 그간의 농업 부문 배출가스 트렌드 분석과 주요한 기상 기후 지표들의 보다 활발한 유통을 위한 논의를 시작하고자 하는 의도에서 집필을 하게 되었으며, 앞으로 여러 정책 커뮤니티에서 활발한 논의가 이루어지기를 기대하는 마음으로 출간해 보고자 한다.

2024년 8월

저자

차 례

<표 목차>

<그림 목차>

제1장 서 론

1. 연구의 배경 및 목적

기후 변화, 기상, 재난 재해, 통계학, 환경 공학, 과학기술정책 등 여러 영역에서 기후변화와 관련된 내용을 다룰 때에 그동안 추구해 온 노력들의 저변에는 과학적 자료와 증거, 그리고 이를 기반으로 분석된 지식과 추론, 그리고 정책 대안의 추구라는 면에서 공통적 공감대가 존재해 왔다.

이러한 노력은 그 노력들이 부재할 때에 비하면, 큰 기여를 해 온 것이 사실이고, 부족하더라도 앞으로도 이러한 노력들이 지속되어야 할 당위성에는 부동의하는 사람이 없을 것이다. 그럼에도 그간의 과학적 노력들이 과학이라는 자부심에 비하여 자연현상 앞에서는 그리고 본질적으로는 인간 능력 범위 밖 영역에서는 작은 존재감 밖에는 갖지 못함을 인정하지 않을 수 없다. 홍수, 지진 등의 풍수해의 경우, 항상 들어온 예측치는 100년 홍수, 200년 홍수, 예측을 초과하는 규모 등 과학의 지평 이상의 예외 현상들 앞에서는 속수무책이었다.

필자가 대학을 다니던 시절에는 '100년 홍수'라는 용어가 언론에서도 응용 통계 과목에서도 활용되더니, 최근엔 아예 1,000년 홍수, 즉 1,000년에 한 번 있을까 하는 규모의 확률 분포를 갖는 홍수라는 의미로 미래의 위험성을 묘사하는 수식어가 변모하였다. 그만큼 과학이 발전하기도 하였거니와, 상대인 자연현상이 그만큼 더 크게 변모하고 있다는 점을 시사하고 있다.

이러한 배경하에서 이 책의 전작인 산성비의 활용과 지역개발에서는 산성비의 수자원으로서의 중요성에 착안하여 집필하게 되었었다. 이에 비하여 이 책은 농업부문의 주요 배출가스의 트렌드를 분석하고, 기후 기상정보의 활용이 더 촉진되기를 바라는 의도에서 집필을 시작하게 되었다.

"산성비도 가뭄보다는 낫다"라는 명제를 이전 책에서 제시하였었는데, 미래 관점에서 수자원이 귀해지고, 농업부문이 갖는 중요성이 증대될 개연성이 큰 미래 가정적 상황에 대비하여야 함을 환기시키고자 하는 데에 본서의 의도가 있다. 이 상황은 사회 전반적인 선행적인 공조노력이 요청되는 의제일 것이다.

2. 책의 범위 및 내용

이 책의 1장에 이어 2장에서는 농업 부문의 기후변화 트렌드를 기후변화에 영향을 주는 주요 배출 가스의 시계열 데이터를 스텍트럴 분석으로 제시하였다. 이전 책에서 주요 선진국들의 제조업 부문의 50여 년간의 시계열 자료를 분석한 것에 대비하여, 본서에서는 이에 비견되는 농업 부문 데이터를 분석하였다. 특히, 주요 선진국, 인도, 캐나다 등 개별 국가 사례, 그리고 주요 선진국 보다 범위가 확장된 G20 국가로 범위를 조절하여 다양한 비교를 시도해 보았다.

3장에서는 기후와 기상 분야에서 널리 활용되는 다양한 지표들을 정리해 보았고, 주요국의 표출 사례들과 용례의 차이를 보았다. 이어서 제 4장에서는 이러한 기후 및 기상 정보가 더 잘 유통 활용되는 것이 미래 대비를 위한 인프라 구조라는 인식하에서 정책적 이슈를 다루었고, 이어서 제 5장은 결론부로 간략한 마무리와 정책적 시사점들을 제시하고 있다.

제 2 장 시계열 데이터로 본 농업 기후변화 트렌드

본서의 출간 전에 출간된 "산성비의 활용과 지역개발"에서는 약 50년간의 시계열 데이터를 기반으로 주요 기후변화 관련 배출물들에 대한 분석을 제시하였다. 이 책에서는 그중에서도 농업 부문에 특화된 분석을 시도하는데에 특징이자 차이점이 있다. 이전 책에서의 주기 및 특징들이 농업 부문에 특화된 상황에서도 어느 정도로 유사하게 나타날지가 관심의 초점이 된다.

제1절 농업 부문 배출 가스의 50년간 시계열 스펙트럴 분석 (Spectral Analysis of 50 yr Agricultural sector emission data)[1]

1. Spectral Analysis of Nitrous Oxides

전 세계 약 210개국의 데이터 중에서 선진국들의 농업 부문의 배출 가스 데이터를 중심으로 분석한 자료를 제시해 보는데 다음과 같다.

---

[1] National Greenhouse Gas Emissions Inventories and Implied National Mitigation (Nationally Determined Contributions) Targets

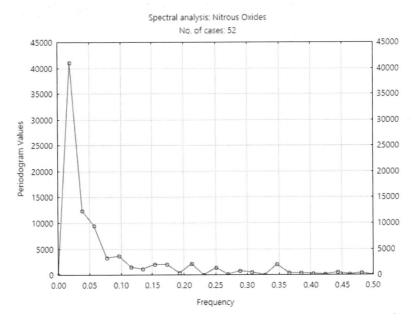

〈그림 2-1〉 농업 부문 질소산화물 추이:Spectral Analysis

  위의 그림에서 농업 부문의 질소산화물의 경우 빈도가 약 0.02로 나타나며, 이는 이 데이터가, 갑자기 돌발적인 변화가 없는 것을 가정할 때, 50년의 주기를 갖는 구조로 구성되어 있음을 의미한다. 제조업 부문의 트렌드와 큰 차이가 없음이 유의할 점이라 판단된다.[2]

---

2) 김준모 산성비의 활용과 지역개발. 지식나무 2024 pp.56-57

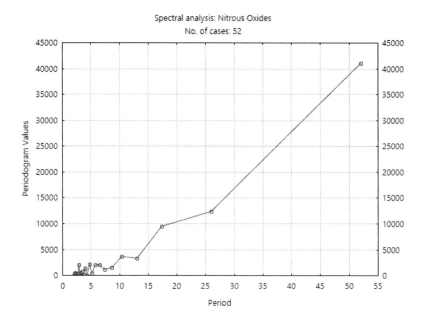

〈그림 2-2〉 농업 부문 질소 산화물: Spectral Analysis 2 (50년주기)

  그림에서 period는 1970년부터 2021년까지의 연도를 나타내는데, 작은 변화의 피크들이 나타나다가 2021-2022년경에 대규모의 피크를 향해 상승하는 모습을 보여 주고 있다. 국제기구들과 여러 단체들이 제시하는 세계 평균기온 1.5도씨 시나리오와 2도씨 상승 시나리오의 내용과 관련되는 분석 결과로 판단된다.

  질소산화물의 경우, 농업부문의 트렌드가 제조업 부문의 트렌드와 전 지구적 관점에서 큰 차이 없이 진행되어 오고 있음을 알 수 있다.[3]

2. Spectral Analysis of Greenhouse gas

---

3) 김준모 산성비의 활용과 지역개발. 지식나무 2024

온실가스로 분류된 시계열 데이터의 농업 부문 트렌드를 살펴보면 다음과 같다.

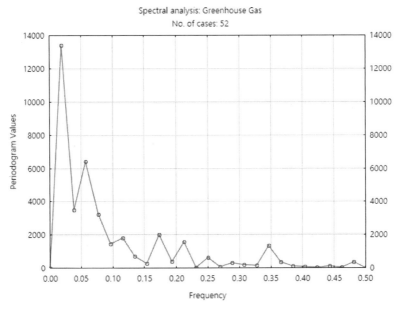

〈그림 2-3〉 농업부문 온실 가스 주기

그림 2-3에서 온실가스의 경우, 한번의 큰 주기와 중간 크기의 주기 한번, 그리고 작은 주기가 3번 나타나고 있어서, 제조업 부문에서의 패턴과 유사성을 보이고 있다. 빈도 주기상 0.02에서 가장 큰 피크를 나타내서 약 50년의 주기로 2022년경에 큰 피크를 향해 나아가고 있으며, 두 번째로 0.06에 나타난 큰 주기는 17-18년 주기로 나타나서, 1987년경 두 번째로 큰 피크를 보이고 있다. 연도별로는 1987-1988년경에 비교적 큰 국부적(local) 피크 후, 1996년경 큰 감소를 보인 후, 2022년경에 50년 주기의 정점에 이르고 있다.

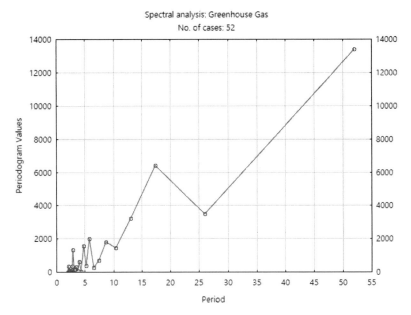

<그림 2-4> 농업부문 온실 가스 추이 50년 기간

　제조업 부문의 트렌드와의 차이점은 세부적인 주기에서 나타난다. 제조업 부문 트렌드에서는 1978-1979년경에 두 번째 피크가 나타났었던 데 비해 농업부문에서는 두 번째 피크가 약 10년 정도 후행하여 나타나고 있다.[4] 두 번째의 차이점은 제조업 트렌드에서는 두 번째 피크 이후, 1995년경에 큰 피크를 찍고 다시 더 큰 주기를 향해 상향하는데 비하여, 농업 부문 데이터에서는 1995년을 지난 96년경에 하향 트렌드의 저점을 형성한 뒤 50년 주기의 큰 피크를 향해 증기하고 있다. 이 차이에 대하여는 여러 분야의 데이터를 종합 분석한 후에야 추론을 할 수 있는 성질의 논의이지만, 제조업 부문의 활동이 농업 부문에 약 10년의 시차를 두고 영향을 미친 것으로 추

---

4) 김준모 산성비의 활용과 지역개발. 지식나무 2024

정된다.

3. Spectral Analysis of Methane Gas

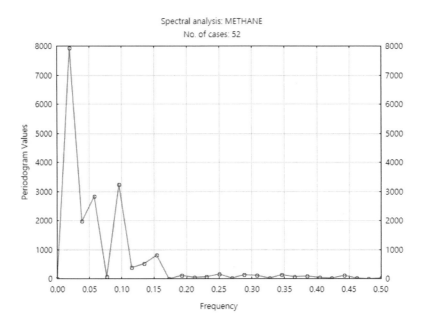

Spectral analysis: METHANE
No. of cases: 52

〈그림 2-5〉 농업 부문 메탄 가스의 주기

메탄가스의 경우, 제조업 분야와 농업 분야간 차이가 큰 편이다. 제조업 부문에서는 1970년을 기점으로 약 17년 뒤의 큰 주기가 나타났으나, 농업 부문에서는 다른 배출 가스의 사례들처럼 장 주기를 나타내고 있다. 약 50년의 큰 주기를 나타내어 그림 2-6에서 보는 바와 같이 2021-2022년경에 큰 주기가 도래하고 있다. 제조업에서는 8.3년 뒤에 나타나는 두 번째 주기가 있는데, 농업 부문에서도 10

년 뒤인 1980년경에 두 번째로 큰 주기가 나타난다.

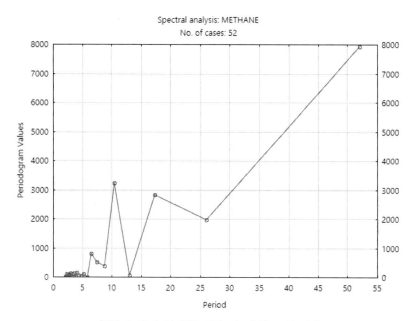

Spectral analysis: METHANE
No. of cases: 52

〈그림 2-6〉 농업 부문 메탄 가스추이 50년 기간

이 시기 이후 제조업 부문과 농업부문의 트렌드 차이가 현격한데, 제조업으로부터의 메탄 가스의 경우 앞의 온실가스와 질소 산화물의 경우와 다르게 1980년대 중반 이후 저감의 트렌드를 나타내고 있는 반면5), 농업 부문에서는 1985년 이후 2021년까지의 기간 중 지속 상승하고 있는 점에 주목할 수 있다.

4. Carbon Dioxides

위의 그림에서 이산화탄소의 경우, 빈도 수치가 약 0.04이며

---

5) 김준모 산성비의 활용과 지역개발. 지식나무 2024

이는 약 25년의 주기를 가진 상태의 데이터임을 시사한다. 다음 그림을 통해 보면, 약 1972년경부터 시작된 흐름이 1995년을 넘긴 시기, 대략 1996년경까지 상승세를 나타낸 후 2021년 무렵까지 지속 감소하고 있다. 제조업 부문에서는 1995년이후 큰 주기를 향해 지속 상승하고 있는 점이 대조적이다.6)

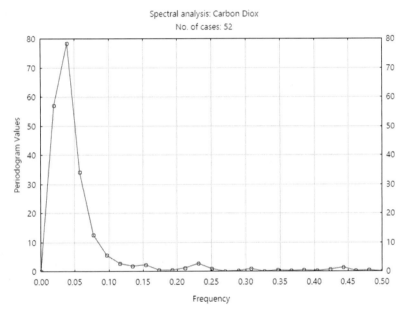

〈그림 2-7〉 농업 부문 이산화탄소 50년 기간 주기

---

6) 김준모 산성비의 활용과 지역개발. 지식나무 2024

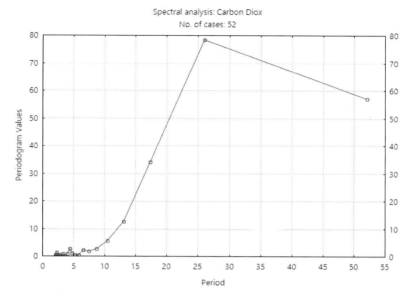

〈그림 2-8〉 농업부문 이산화탄소 50년 기간 중 추이

5. Smoothing of the 4 Series

이전 항목에서 데이터가 보여주는 트렌드를 제시해 보았는데, 이어서 스무딩 방법으로 트렌드를 관통하는 흐름을 찾아 볼 수 있다. 농업 부문 질소산화물의 경우, 스무딩을 한 결과에서도 지속 상승하는 추세를 볼 수 있다. 온실 가스의 경우도 지속 상승 추세를 확인할 수 있고. 메탄가스의 경우 지속 감소하는 추세가 도출된 점이 흥미롭다고 볼 수 있다.

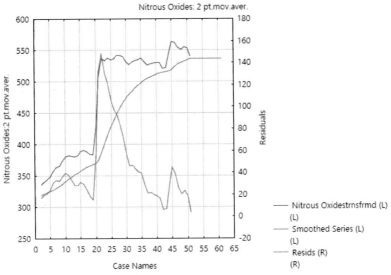

Exp. smoothing: S0=314.5 T0=41.79
Damped trend,no season; Alpha= .100 Gamma=.100 Phi=.100
Nitrous Oxides: 2 pt.mov.aver.

〈그림 2-9〉농업부문 질소 산화물: Smoothing 결과

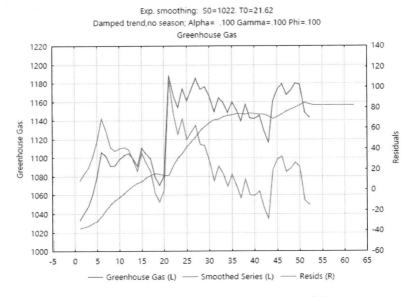

Exp. smoothing: S0=1022. T0=21.62
Damped trend,no season; Alpha= .100 Gamma=.100 Phi=.100
Greenhouse Gas

〈그림 2-10〉 농업부문 온실가스 :Smoothing 결과

기후변화에 영향을 미치는 주요 배출물들 중 본고에서 다루고 있는 4가지 중에는 질소 산화물이 가장 위협적인 트렌드를 보이는 점은 농업 부문에서도 제조업과 동일하게 나타나고 있는 점에 유의할 필요가 있다.[7] 질소 산화물과 온실가스의 트렌드가 농업부문 데이터 상 지속 상승하는 양상이다.

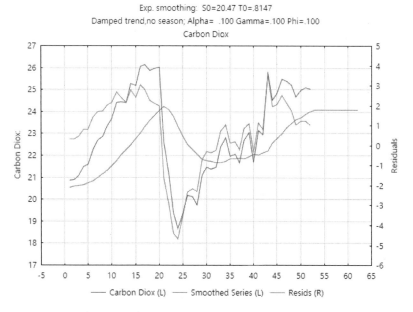

〈그림 2-11〉 농업부문 이산화탄소: Smoothing 결과

7) 김준모 산성비의 활용과 지역개발. 지식나무 2024

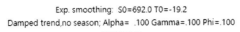

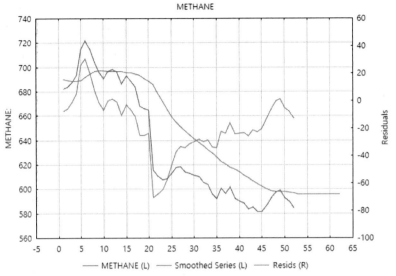

〈그림 2-12〉 농업부문 메탄가스: Smoothing 결과

6. Scatterplots

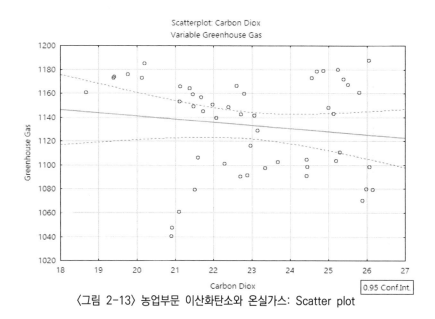

〈그림 2-13〉 농업부문 이산화탄소와 온실가스: Scatter plot

앞부분에서 살펴본 기후 변화 관련 개별 가스들의 트렌드를 좀 더 구체적으로 보기 위해 두 개씩 분포도를 구성하여 볼 수 있다. 그림 2-13에서처럼, 이산화탄소와 온실가스 간에는 연관성이 적은 산포 형태의 상관관계가 나타나고 있다. 그림 2-14의 질소 산화물과 온실 가스 간에는 아웃라이어가 있기는 하지만, 비교적 유의미한 트렌드 라인을 확인할 수 있다. 메탄가스와 온실가스 간(그림2-15), 질소산 화물과 메탄가스 간에 의미 있는 상관관계를 나타내고 있는 점도 주목할 만하다. 질소산화물과 이산화탄소 간에는 유의미한 상관관계가 나타나고 있지 않다.

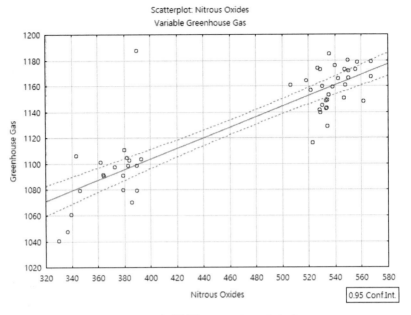

〈그림 2-14〉 농업부문 질소 산화물과 온실 가스
Scatterplot

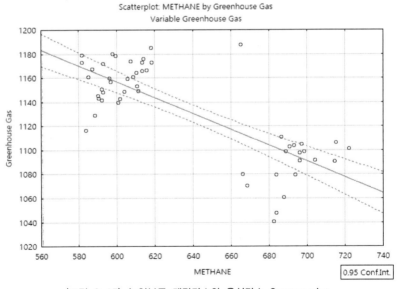

〈그림 2-15〉 농업부문 메탄가스와 온실가스 Scatter plot

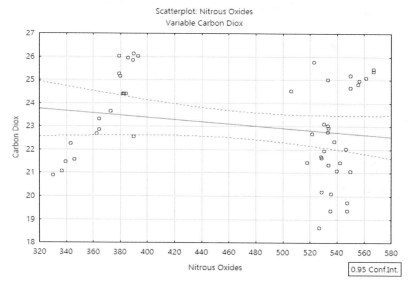

〈그림 2-16〉 농업부문 질소산화물과 이산화탄소 Scatter plot

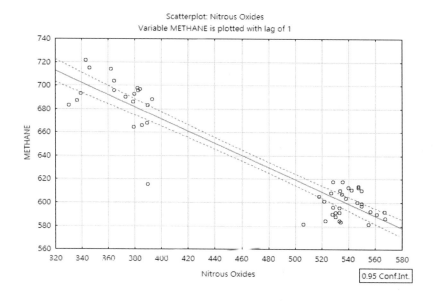

〈그림 2-17〉 농업부문 질소산화물과 메탄가스 Scatter plot

제 2 절 개별국의 농업부문 배출 가스 트렌드

1. Canada

이전 항에서는 농업 부문의 대규모의 장기간(1970-2021) 데이터를 통해 주요한 배출가스의 트렌드를 살펴보았는데, 본 항에서는 개별국의 데이터를 통하여 농업부문 주요 배출 가스의 패턴을 살펴보고자 한다. 이어서 G20 국가들 농업 부문 배출가스 트렌드 및 주기분석을 제시하여 농업 부문의 트렌드에 대한 이해를 높여 보고자 한다.

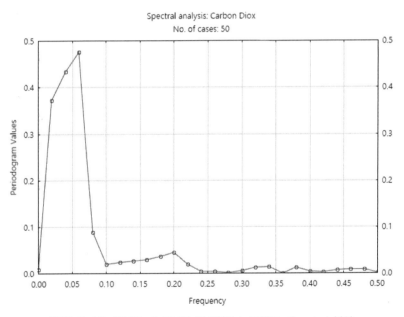

〈그림 2-18〉 캐나다 농업부문 이산화탄소 트렌드: Spectral 분석

이산화탄소의 경우 캐나다의 농업에선, 가장 큰 주기를 나타내는 수치가 약 0.06이며, 이를 통해 가장 큰 주기가 17년 주기임을 알 수 있다. 이를 반영하여

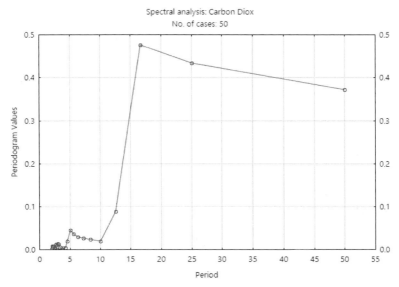

Spectral analysis: Carbon Diox
No. of cases: 50

〈그림 2-19〉 캐나다 농업부문 이산화탄소 주기: Spectral 분석

그림 2-19를 보면, 1987년경에 가장 큰 피크를 보이며, 2020년 까지 지속 하향세를 보이고 있다. 농업부문 선진국 데이터에서는 선진국들의 주기가 약 25년 주기였고, 1996년경에 피크를 이루고 있어서 피크를 이루는 시기는 차이가 나지만, 감소하는 패턴은 매우 유사한 모습을 보이고 있다. 이산화탄소의 경우, 선진국 농업 전반 모두 잘 통제되는 감소 추세를 보이며, 캐나다는 이 추세에서도 선행하고 있는 점이 독특하다고 볼 수 있다.

온실가스의 트렌드도 선진국들 데이터와는 다른 트렌드를 캐나다

데이터는 보이고 있다. 선진국 평균에서는 가장 큰 주기가 50년 주기였는데, 그림 2-20과 2-21에서 캐나다 농업의 온실가스 주기는 25년 주기로 1995년경에 피크를 나타내고 있다. 전반적인 트렌드 상으로도 선진국 평균에서는 농업부문 온실가스가 상승세로 데이터 후반부를 나타내는 데 비하여, 캐나다 농업 데이터는 온실가스로 감소하는 추세를 보이고 있다. (그림 2-21과 그림 2-4)

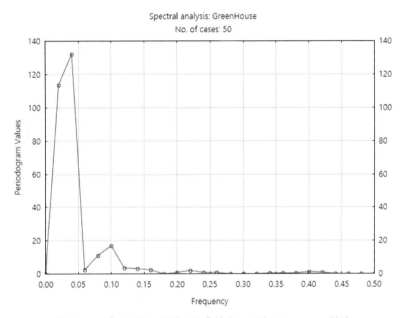

〈그림 2-20〉 캐나다 농업부문 온실가스 트렌드: Spectral 분석

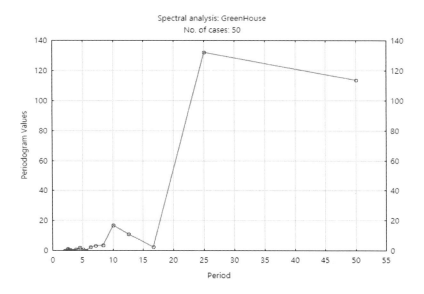

〈그림 2-21〉 캐나다 농업부문 온실가스 주기: Spectral 분석

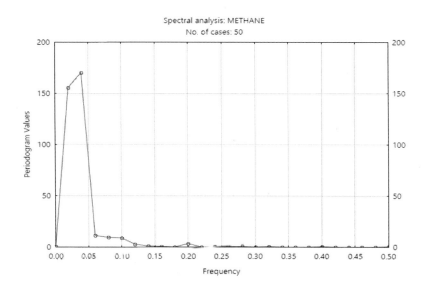

〈그림 2-22〉 캐나다 농업부문 메탄가스 트렌드: Spectral 분석

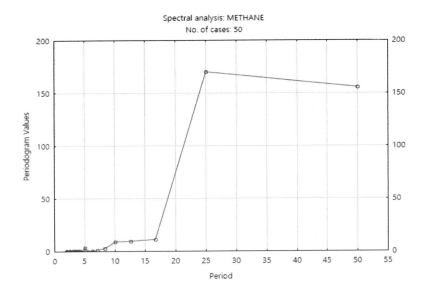

Spectral analysis: METHANE
No. of cases: 50

〈그림 2-23〉 캐나다 농업부문 메탄가스 주기: Spectral 분석

그림 2-22와 2-23에서 보듯이, 메탄가스의 배출 주기와 트렌드는 선진국 농업부문 평균과 큰 차이를 나타내고 있다. 선진국 평균은 1970년을 기점으로 50년 주기를 보이고 있는데 비하여(그림 2-5와 2-6), 캐나다 데이터는 25년 주기를 보여서 1995년경에 피크를 보이며, 그 이후 배출 트렌드가 하향세를 보이고 있다. 선진국 평균은 50년 주기를 향해 1996년경부터 2022년경 부근까지 지속 상승세를 보이고 있다.

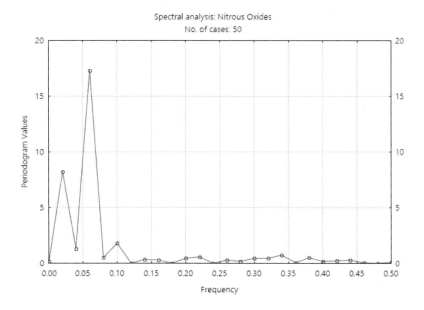

〈그림 2-24〉 캐나다 농업부문 질소산화물 트렌드: Spectral 분석

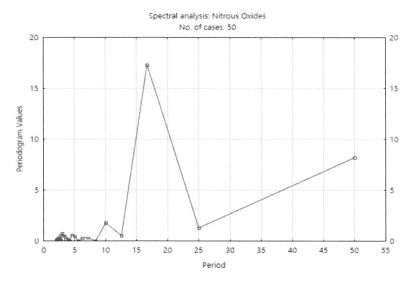

〈그림 2-25〉 캐나다 농업부문 질소산화물 주기: Spectral 분석

질소산화물 배출 트렌드는 선진국 평균에서는 50년 주기가 나타났고, 지속 상승세가 있는 반면에 캐나다 농업 데이터에서는 큰 주기인 50년 주기와 두 번째로 큰 17년 주기가 나타나고 있다. 시계열 추이로도 1987년 이후 급감하였다가 1995년 이후 지속 상승하는 모습을 보이고 있다.

2. India

인디아의 배출가스 트렌드를 보면, 이산화탄소의 경우, 14년 주기를 보여서 그림 2-27을 보면 1984년을 정점으로 하향 추세를 나타내고 있다. 그림 2-8과 비교할 때, 선진국들 보다 농업 부문은 일찍 이산화탄소 감소 추세에 들어선 점으로 지적할 수 있다.

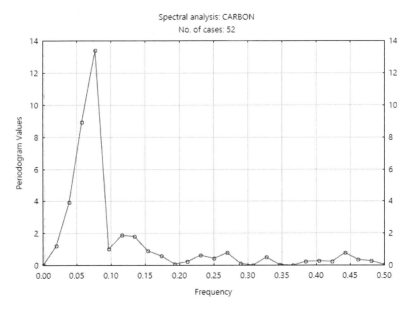

〈그림 2-26〉 인도 농업부문 이산화탄소 트렌드: Spectral 분석

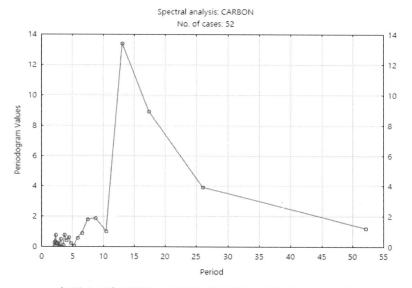

〈그림 2-27〉 인디아 농업부문 이산화탄소 주기: Spectral 분석

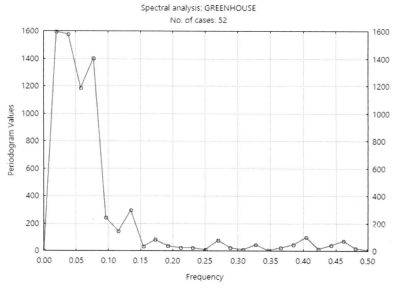

〈그림 2-28〉 인도 농업부문 온실가스 트렌드: Spectral 분석

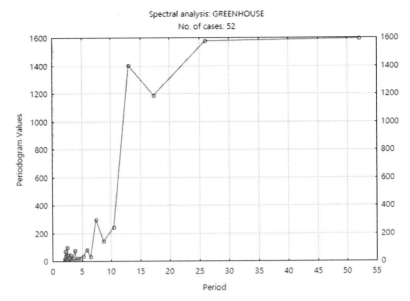

〈그림 2-29〉 인디아 농업부문 온실가스 주기: Spectral 분석

온실 가스의 경우, 매우 독특한데, 그림 2-28에서 최대 주기에 대한
수치를 두 개나 근접하여 얻데 된다. 즉, 25년과 50년 주기를 나타낸
다. 그림 2-29에서 1995년경에 피크에 이르고 계속 이 수치로 50년
주기의 기간까지 이른다. 선진국 평균 데이터가 주는 50년 주기와
1995년 이후의 지속 증가와는 완전히 다른 추세를 보인다. (그림 2-4)

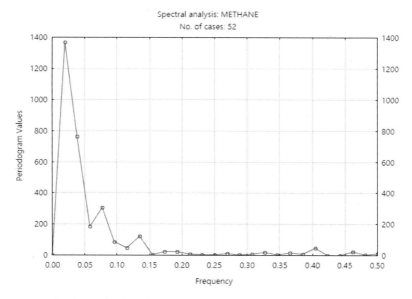

Spectral analysis: METHANE
No. of cases: 52

〈그림 2-30〉인도 농업부문 메탄가스 트렌드: Spectral 분석

인도의 농업부문 메탄가스는 주기상 50년 주기를 보이고 있다. 다른 연구에서 분석된 제조업 분야 주기들과 같은 패턴을 보이고 있다. 작은 주기는 두 번 더 있는데, 하나는 1970년을 기점으로 하여 약 7.7년 후이고 다른 하나는 약 13년 뒤이다. 이 모습은 그림 2-31에 나타나는 스파이크들이며, 이후 50년 주기인 2021년경으로 상승하는 모습을 보이고 있다.

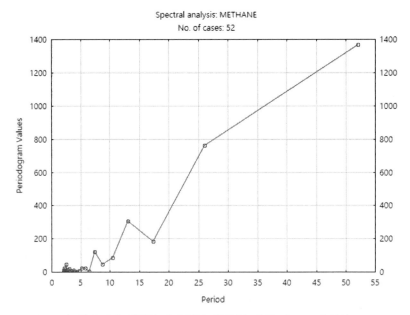

Spectral analysis: METHANE
No. of cases: 52

〈그림 2-31〉 인디아 농업부문 메탄가스 주기: Spectral 분석

질소 산화물의 경우는 선진국들의 농업 부문 평균 트렌드와 큰 차이를 보인다. 선진국 농업 부문 트렌드는 이전 책의 선진국 제조업 부문과 같이 잘 통제되지 않고, 위협적으로 증대되는 모습을 보이고 있는데, 인도의 농업 부문의 질소산화물은 약 14.3년의 주기를 보이면서 1984년경 피크를 보인 후에 2022년경까지 지속 감소를 보이고 있다.

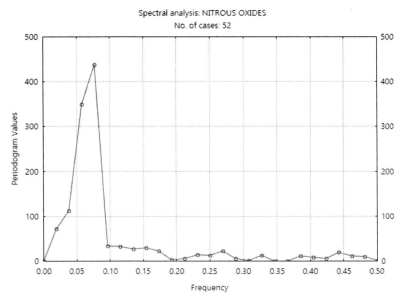

〈그림 2-32〉 인도 농업부문 질소산화물 트렌드: Spectral 분석

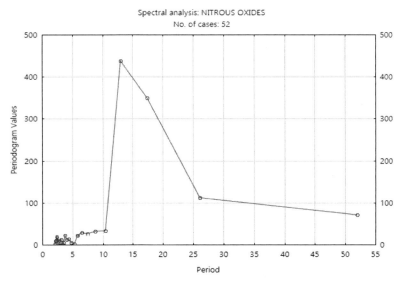

〈그림 2-33〉 인디아 농업부문 질소산화물 주기: Spectral 분석

잠정적인 가설 중 하나는 이 기간 중 인도에서 농업 부문에서 사용되는 화학비료 비중의 변화와 관계가 있을 것이라는 점이다.

제3절 G20 국가들 농업 부문 배출가스 트렌드 및 주기분석

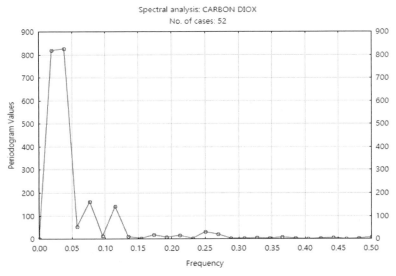

〈그림 2-34〉 G20 농업부문 이산화탄소 트렌드: Spectral 분석

본고의 제 2장 앞부분에 다루고 있는 선진국 농업보다 국가수를 증가시킨 G20 국가들의 농업부문 배출 트렌드를 본다면, 선진국들의 농업 부문 대비하여 어떠한 차이가 있을지 분석해 보았다.

1. G20 국가들 이산화탄소 트렌드

이산화탄소의 경우, 선진국 트렌드 대비하여 G20 국가의 경우, 유사점과 차이점을 모두 보이고 있다. 공통점은 가장 큰 주기가 1970년을 기점으로 25년 뒤에 나타난 것이다. 다만 차이점은 국가 수가 적은 선진국 트렌드에선 25년 뒤 피크 뒤에 감소 추세로 흔히 말하는 이산화탄소 저감이 어느 정도 정책적 효과를 보이는 것으로 추정할 수 있다. 이에 비하여 G20국가 데이터의 경우, 25년 주기에서 피크를 이루고 같은 피크가 주기를 나타내는 그림 2-34에선 50년 부근에 나타나는 것으로 되어 2021년 무렵이 피크인데, 1995-2021년 기간 동안 선진국 데이터 경우 보다 감소가 거의 안 나타난다는 점이다. 두 번째의 차이점은 G20의 경우, 8년뒤와 13년 뒤에 작은 피크들이 나타난다는 점이다.

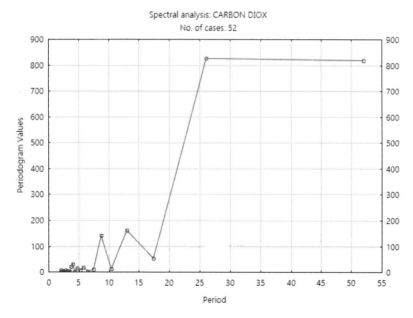

〈그림 2-35〉 G20 농업부문 이산화탄소 주기:Spectral 분석

2. 온실가스 트렌드

G20 국가 농업 부문 온실가스의 경우, 50년 주기와 17년 주기가 대표적이다. 그 외엔 그림 2-37에서 보듯이 약 8.3년 기간에 작은 주기가 존재한다.

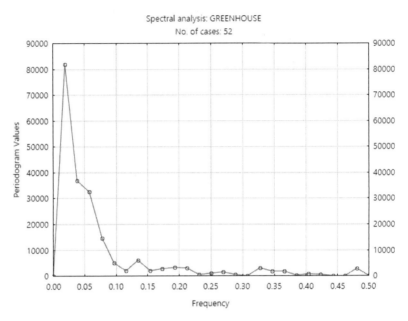

〈그림 2-36〉 G20 농업부문 온실가스 트렌드: Spectral 분석

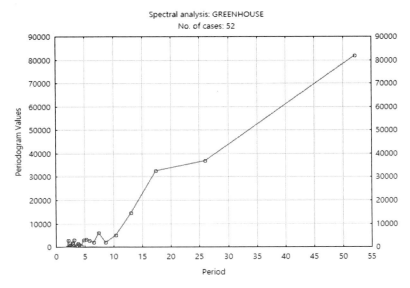

〈그림 2-37〉 G20 농업부문 온실가스 주기:Spectral 분석

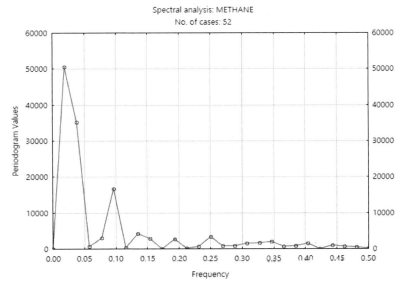

〈그림 2-38〉 G20 농업부문 메탄가스 트렌드: Spectral 분석

3. 메탄 가스

메탄가스는 G20 국가 농업 패턴과 보다 협소한 선진국가들 트렌드 간에 차이가 큰 배출가스 유형이다. 먼저 가장 큰 주기는 1970년 기점으로 하여 50년 주기가 있고, 11년 주기, 17년 주기가 존재한다.

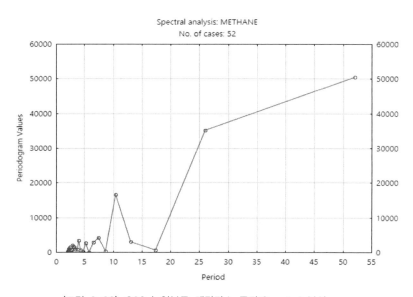

〈그림 2-39〉 G20 농업부문 메탄가스 주기:Spectral 분석

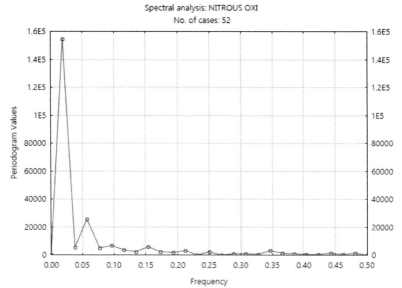

<그림 2-40> G20 농업부문 질소산화물 트렌드: Spectral 분석

4.질소 산화물

그림 2-40과 2-41에 나타난 바와 같이. 50년 주기와 17년주기가 대표적이다. 국가수가 적은 선진국 데이터에선 50년 장 주기를 향해 지속 상승하는 패턴을 보였는데, 이에 대조적으로 G20 데이터에선 1987년 경 피크 이후 한번 감소세를 보이다가 1996년 이후에 급증하는 모습을 보이고 있다. 제조업에서와 마찬가지로 질소 산화물 배출 트렌드는 위협적인 증가세를 보이고 있다.

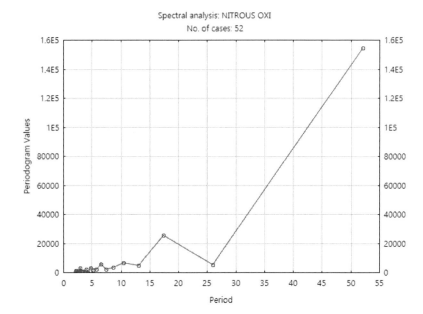

Spectral analysis: NITROUS OXI
No. of cases: 52

〈그림 2-41〉 G20 농업부문 질소산화물 주기:Spectral 분석

제3장 산성비와 가뭄 시대의 주요 기상기후 지표들

제1절 국내외 기후 및 생활기상지수 제공 현황

1. 국내외 공통적인 기상 기후지수 현황

주요국들에서 공통적으로 제공되고 있는 기상기후 지수들을 3장 1절에서 살펴보는데, 지표들의 개념은 기상청과 국내 민간 기상 사업자들에서 제공되고 있는 국내 생활기상지수에 대한 제공 정보를 중심으로 정리해 본다.8)

생활기상지수는 크게 생활지수(계절별), 산업지수, 가뭄지수 3가지로 나뉘며 약 20여 가지로 그 유형과 의미를 정리하면 다음의 표와 같다.

1) 생활기상정보 서비스 제공 현황

〈표3-1〉 생활기상정보 현황

지수구분		지 수 명
생활지수	봄철지수	황사영향지수, 산불위험지수, 난방도일
	여름철지수	식중독지수, 불쾌지수, 열지수, 부패지수
	가을철지수	산불위험지수
	겨울철지수	체감온도, 동파가능성, 실효습도, 난방도일, 산불위험지수
	상시지수	실효습도, 증발량, 강수효과비, 자외선지수, 대기오염기상지수, 보건기상지수(천식, 뇌졸중, 동상, 피부질환, 폐질환)
산업지수	농업	농업시설, 농약살포
	수산업	어업활동, 수산물건조, 수산시설

---

8) 과거에는 기상청이 제공하던 다양한 생활기상정보들 중에는 기상청과 민간 기상 사업자들간의 역할분담으로 제공 주체가 구분된 것들이 존재하는데, 본고에서는 이 유형들을 통합하여 정리해 본다.

	축산업	우유생산, 계란생산
	건설	기초공사, 골조공사, 석공사, 마감공사
	에너지	난방에너지, 냉방에너지
	레저	바다낚시, 스키, 스킨스쿠버
	유통	시원한 음료, 따뜻한 음료, 낮은도수(맥주), 높은도수(소주, 양주), 과일·채소, 수산물, 구이용 육류, 탕류, 빙과류, 운송
	교통	해상교통, 육상교통
가뭄지수		파머가뭄지수

2) 생활기상정보 지수설명

〈표3-2〉 생활기상지수 해설

번호	기상지수	설명
1	황사영향지수	황사발생시 PM10 농도에 따라 수송, 농업, 축산업, 전산산업, 건설업에 미치는 영향을 지수로 나타낸다.
2	산불위험지수	2004년 11월 1일부터 산림청과 공동으로 지형지수(고도, 방위), 임상지수(침엽수, 활엽수, 혼효림), 기상지수(기온, 습도)를 종합하여 4단계의 위험등급으로 값을 제공하고 있다.
3	난방도일	난방도일이란 일년 중 일평균기온이 18℃ 이하의 날만 골라 기준이 되는 18℃의 기온에서 그날의 일평균기온을 뺀 값을 일정기간 적산시킨 값을 말한다. 이 개념은 일반적으로 일평균기온이 18℃ 이하가 되면 사람들이 난방을 시작한다는 개념에서 출발하였다.
4	식중독지수	식중독지수는 특정 식중독균(대장균)이 특정한 기온에서 식중독을 유발할 있는 양으로 증식하는데 필요한 시간을 산출할 수 있도록 수치화한 것으로, 기온과 습도변화에 따른 음식물 등의 부패변질 가능성을 수치화하여 제공하고 있다.
5	불쾌지수	불쾌지수(discomfort index, DI)는 Thom(1957)이 제창한 것으로서 기온과 습도의 조합으로 구성되어 있으며 일반적으로 온습도지수라고도 한다.
6	열지수	열지수는 습도와 기온이 복합되어 사람이 실제로 느끼는 더위를 지수화한 것으로 즉, 똑같은 기온이라도 습도에 따라 지수가 달라질 수 있다.
7	자외선지수	자외선지수는 태양고도가 최대인 남중시각(南中時刻)때 지표에 도달하는 자외선 B(UV-B)영역의 복사량을 지수식으로 환산한 것이다.
8	부패지수	단순히 기후 요소만으로 규명하기는 곤란하지만 부패에 영향을 주는 요인들 중 기온과 습도가 차지하는 역할은 매우 크다. 식품의 손상은 주로 습하고 더운 날씨에 많이 발생하므로 장마와 무더위가 찾아오는 하절기(6월~9월)동안 부패지수를 계산하여 제공한다.
9	체감온도	체감온도는 외부에 있는 사람이나 동물이 바람과 한기에 노출된 피부로부터 열을 빼앗길 때 느끼는 추운정도를 나타내는 지수이다.

10	동파가능성	동파가능성은 최저기온값을 이용하여, 겨울철 한파로 인해 발생되는 수도관 및 계량기의 동파발생위험도를 지수로 나타낸 것이다.
11	실효습도	화재예방의 목적으로 수일 전부터의 상대습도에 경과시간에 따른 가중치를 주어서 산출한 목재 등의 건조도를 나타내는 지수이다. 이 값은 화재발생가능성 예측이나, 물질 건조도 등의 추정에 이용된다.
12	대기오염기상 지수	대기오염 기상지수란 대기 중 오염물질이 고농도 오염상태를 일으킬 가능성이 있거나 광화학 스모그 발생 가능성이 있는 대기상태 및 이와 관련 있는 각 종 기상요소의 변화에 대한 오염 가능성 예보를 말한다.
13	보건기상	기상조건에 따른 천식, 뇌졸중, 동상, 피부질환, 폐질환 등의 영향정도를 위험도 영향에 따라 3단계로 제공.
14	증발량	어떤 시간 안에 단위면적의 지표면이나 수면으로부터 증발에 의하여 잃어버린 수분의 양을 말합니다. 증발량은 농업, 공업, 전력 등의 용수를 위해 저수관리나 수문학연구에 널리 사용됩니다.
15	강수효과비	강수효과는 연강수량을 연증발량으로 나눈 비로써 식물생장과 밀접한 관계가 있다.
16	파머가뭄지수	특성지점의 강수량이 기후적으로 필요한 강수량보다 적은 수개월 또는 수년 동안 지속되는 현상으로, 단기간 습윤은 가뭄지수에 큰 영향을 주지 않기 때문에 장기간의 가뭄정도를 정량화해서 계산한 지수이다.
17	강수량십분위	단기간의 가뭄현상을 분석하기 위해 제공한다. 강수량 십분위는 일정기간 동안 누적강수량을 최근 과거의 같은 기간의 강수량과 비교하여 적은 것부터 10% 간격으로 제공.
18	강수량현황	일정 기간의 누적강수량을 지역별로 제공한다.
19	필요강수량	일정 기간별로 가뭄해소를 위해 필요한 강수량.
20	개화시기	개나리, 진달래, 벚꽃의 개화시기 제공. 개화 시기는 2월과 3월 날씨변화에 큰 영향을 받으며, 이 기간 중 일조량, 강수량도 개화시기에 영향을 준다.
21	농업기상	기상상황에 따른 농약살포 및 농업시설관리를 위한 적절성을 단계별로 제공.
22	수산업기상	기상상황에 따른 어업활동, 수산물건조, 어업시설관리를 위한 적절성을 단계별로 제공.
23	축산업기상	황사 및 강우 등의 기상상황에 따른 우유생산, 계란생산 등을 위한 적절성 및 관리권고안 제공.
24	건설기상	기상상태에 따른 기초공사, 골조공사, 석공사, 마감공사 별로 적절성 및 위험도를 단계별로 제공.
25	에너지기상	기온에 따른 난방 및 냉방에 필요한 에너지 증감상태를 제공.
26	레저기상	기상상황에 따른 바다낚시, 스키, 스킨스쿠버 등의 안전을 위한 적절성을 단계별로 제공.
27	유통기상	기상상태에 따른 음료, 주류, 농산물, 수산물, 축산물의 소비증감 및 운송 등의 적절성을 제공.
28	교통기상	기상상태에 따른 해상 및 육상교통의 안전 적절성을 제공.

3) 생활기상정보 서비스의 지수등급

생활 기상정보들 중에는 등급으로 심각성의 정도를 표현하는 것들이 있는데 다음과 같다.

□ 식중독지수(식약청 공동) : 4월 1일부터 10월 31일까지 제공

〈표3-3〉 식중독지수 단계구분

지수범위	주의사항
86이상	3~4시간 내 부패, 음식물취급 극히 주의, 식중독 위험
51~85	4~6시간 내 부패, 조리시설 취급주의, 식중독 경고
35~50	6~11시간 내 식중독 발생 우려, 식중독 주의
10~34	식중독 발생 우려, 음식물 취급 주의

□ 열지수(Heat Index: HI) 4월 1일부터 10월 31일까지 제공

〈표3-4〉 열지수 단계구분

열지수	구분	지속적인 노출시 위험사항
54이상	매우위험	열사/일사병 위험 매우 높음
41~54	위험	신체활동시 일사병/열경련/열피폐 높음
32~41	매우주의	신체활동시 일사병/열경련/열피폐 가능성 있음
27~32	주의	신체활동시 피로위험 높음
27이하	안전	신체활동시 피로위험 낮음

□ 부패지수(식품손상지수) 4월 1일부터 10월 31일까지 제공

〈표3-5〉 부패지수 단계구분

부패지수	정도
0~3	다소 부패
3~7	보통 부패
7~10	심한 부패

□ 자외선지수 : 상시

〈표3-6〉 자외선지수 단계구분

지수범위	자외선강도 및 인체영향
9.0이상	자외선 강도가 매우 강함. 20분 내외 피부노출시 홍반 생성
7.0~8.9	자외선 강도 강함. 30분 내외 피부노출시 홍반 생성
5.0~6.9	자외선 강도 보통. 1시간 내외 피부노출시 홍반 생성
3.0~4.9	자외선 강도 낮음. 100분 내외 피부노출시 홍반 생성
0.0~2.9	자외선 강도 매우 낮음. 2~3시간 피부노출시 홍반 생선

□ 황사영향지수 : 3월 1일부터 5월 31일까지 제공

〈표3-7〉 황사영향지수 단계구분

색상	Green	Yellow	Orange	Red	Maroon
지수	0	1	2	3	4
PM10	150-0	200-151	400 201	800-401	8000이상

□ 보건기상지수 : 천식, 뇌졸중, 동상, 피부질환, 폐질환 (연중 제공)

<표3-8> 보건기상지수 단계구분

지수명	분류	범례	내용	
천식 뇌졸중 피부질환 폐질환	보통		입원발생률 0~50% 사이의 낮은 수준	
	주의		입원발생률 51~85% 사이의 낮은 수준	
	위험		입원발생률 86~100% 사이의 낮은 수준	
동상	낮음		체감온도 -10도 이상	추위를 느끼는 불편함 증가
	보통		체감온도 -25도 이상 -10도 미만	노출된 피부에 매우 찬 기운이 느껴짐
	주의		체감온도 -45도 이상 -25도 미만	10~15분 이내 동상 위험이 있음
	위험		체감온도 -60도 이상 -45도 미만	노출된 피부는 몇 분내 얼게 됨.
	매우 위험		체감온도 -60도 미만	노출된 피부는 2분내 동상

□ 불쾌지수 : (Discomfort Index, DI) / 4월 1일부터 10월 31
일까지 제공

<표3-9> 불쾌지수 단계구분

D1	℃	불쾌를 느끼는 정도
86	30.0	매우불쾌
83	28.5	전원불쾌
80	26.5	50% 정도 불쾌
75	24	10% 정도 불쾌
70	21	불쾌를 나타냄
68	20이하	전원 쾌적

□ 체감온도 : 10월 1일부터 4월 30일까지 제공

<표3-10> 체감온도 단계구분

구분	체감온도	가능증상	대처요령
낮음	10℃ ~ -10℃	- 추위를 느끼는 불편한 증가	- 긴 옷이나 따뜻한 옷을 착용
보통	-10℃ ~ -25℃	- 노출된 피부에 매우 찬 기운이 느껴짐	- 방풍 기능이 있는 겉옷이나 따뜻한 옷을 착용 - 모자, 벙어리 장갑, 스카프 착용
추움	-25℃ ~ -45℃	- 10~15분 이내 동상 위험이 있음. - 보호장구 없이 장기간 노출시 저체온에 빠질 위험 있음.	- 방풍 기능이 있는 겉옷이나 따뜻한 겉옷을 착용 - 노출된 모든 피부를 덮고, 모자, 벙어리 장갑, 스카프, 목도리, 마스크 착용. - 피부가 바람에 직접 노출되지 않도록 함.
주의	-45℃ ~ -59℃	- 노출된 피부는 몇 분내 얼게 됨	- 방풍 보온 기능이 있는 매우 따뜻한 겉옷을 착용 - 노출된 모든 피부를 덮고, 모자, 벙어리 장갑, 스카프, 목도리, 마스크 착용. - 야외활동은 짧게 하거나 취소함.
위험	-60℃ 이하	- 야외 환경은 생명에 매우 위험함 - 노출된 피부는 2분내 동상	- 실내에 머무름

□ 난방도일 : 10월 1일부터 4월 30일까지 제공

□ 동파가능성 : 12월부터 다음해 2월까지 제공

<표3-11> 동파가능성 단계구분

동파가능성	기온조건
높음	일 최저기온이 영하 5℃ 이하의 날씨가 2일 이상 지속
낮음	일 최저기온이 영하 5℃ 이하인 날씨가 2일 미만 지속
없음	일 최저기온이 영하 5℃ 이상인 날씨가 2일 이상 지속

□ 대기오염지수

<표3-12> 대기오염지수 단계구분

판정기준	지수	인체영향
위험	7	외부활동 자제
나쁨	6	노약자 등 외부활동 자제
보통	3~5	오염에 민감한 사람 대외 출입 삼가
좋음	0~2	위험성 없음

□ 산불위험지수(산림청 공동 발표) : 봄철/가을철/

<표3-13> 산불위험지수 단계구분

지 수	위험등급	설 명
86이상(86이상이 70% 이상)	매우높음	동시다발적 발생, 대형산불 확산
66이상~86미만(66이상이 70%이상)	높음	대형산불로 확산될 우려
51이상~66미만(51이상이 70%이상)	보통	산불발생 위험이 높아질 것임
51미만	낮음	산불발생 위험이 낮음

2. 주요 산업 특화형 기상 기후 정보

□ 농업

∘ 농업시설 : 최대풍속, 강수량, 신적설

<표3-14> 산업지수(농업) 단계구분

산업명	분류	범례	기상조건
농업시설	안전		일최대풍속 10m/s 미만 그리고 일강수량 50mm 미만 그리고 일신적설 3cm 미만
	나쁨		일최대풍속 10m/s 이상 14m/s 미만 또는 일강수량 50mm 이상 80mm 미만 또는 일신적설 3cm 이상 5cm 미만

	주의	일최대풍속 14m/s 이상 21m/s 또는 일강수량 80mm 이상 150mm 미만 또는 일신적설 5cm 이상 20cm 미만
	위험	일최대풍속 21m/s 이상 또는 일강수량 150mm 이상 또는 일신적설 20cm 이상
농약살포	좋음	무강수이고 일평균풍속 5m/s 미만
	보통	무강수이고 일평균풍속 5m/s 이상 8m/s 미만
	나쁨	일강수량 5mm 미만 또는 일평균풍속 8m/s 이상 10m/s 미만
	매우 나쁨	일강수량 5mm 이상 또는 일평균풍속 10m/s 이상 또는 일최고기온 32℃ 이상 또는 일최저기온 2℃ 미만

○ 농약살포 : 강수량, 평균풍속, 최고기온, 최저기온

□ 수산업

수산업 관련하여는 다음의 기상정보들이 생산된다.

◦ 어업활동 : 파고, 평균풍속
◦ 수산물건조 : 평균풍속, 일기상태
◦ 수산시설 : 파고, 평균풍속

〈표3-15〉 산업지수(수산업) 단계구분

산업명	분류	기상조건	내용
어업활동	안전	일평균파고 2m미만 그리고 일평균풍속 10m/s 미만	전어선 조업 가능
	주의	일평균파고 2m 이상 3m 미만 또는 일평균풍속 10m/s 이상 14m/s 미만	15톤 미만 어선 출항 가능
	위험	일평균파고 3m 이상 5m 미만 또는 일평균풍속 14m/s 이상 21m/s 미만	15톤 이상의 어선 출항 가능
	불가	일평균파고 5m 이상 또는 일평균풍속 21m/s 이상	전 어선 조업 금지

수산물 건조	좋음	맑음 그리고 일평균풍속 4~7m/s	해조류 건조에 좋음
	보통	맑음 그리고 일평균풍속 1~4m/s	해조류 건조에 보통
	나쁨	흐림 또는 일평균풍속 1m/s 미만	건조 상태가 좋지 못함
	매우 나쁨	강수 또는 일평균풍속 7m/s 이상	해조류 건조에 나쁜 조건
수산시설	안전	일평균파고 1.5m 미만, 일평균풍속 10m/s 미만	시설피해 예상되지 않음
	주의	일평균파고 1.5m 이상 3m 미만 또는 일평균풍속 10m/s 이상 14m/s 미만	기상재해가 발생하기 전에 대비
	위험	일평균파고 3m 이상 5 미만 또는 일평균풍속 14m/s 이상 21m/s 미만	시설물 피해가 예상
	매우 위험	일평균파고 5m 이상 또는 일평균풍속 21m/s 이상	

□ 축산업[9]

∘ 우유생산, 계란생산 : 평균기온

〈표3-16〉 산업지수(축산업) 단계구분

산업명	분류	기상조건	내용
우유생산	좋음	일평균기온 10℃ 이상 21℃ 미만	27kg/day 산유가능
	보통	일평균기온 -5℃ 미만 또는 일평균기온 21℃ 이상 26℃ 미만	산유량의 감소 우려
	나쁨	일평균기온 -5℃미만 또는 일평균기온 26℃ 이상	착우유에 심한 스트레스
계란생산	좋음	일평균기온 21℃ 이상 27℃ 미만	58g 가량의 달걀 10 내지 11개/주 산란가능
	보통	일평균기온 15℃이상 21℃ 미만 또는 일평균기온 27℃이상 32℃ 미만	산란능력 감소 우려
	나쁨	일평균기온 15℃ 미만 또는 일평균기온 32℃ 이상	산란계에 심각한 스트레스

9) Mutaqin, Bambang Kholiq, et al. "Comparisons and influence temperature humidity index to dairy cow productivity based on farm altitude." Agrivet: Jurnal Ilmu-Ilmu Pertanian dan Peternakan (Journal of Agricultural Sciences and Veteriner) 12.1 (2024): 13-18.

□ 건설

건설 산업 영역도 기상 기후에 민감한 부문이며, 다음의 기상 정보
들이 생산된다.

◦ 기초공사, 골조공사 : 강수량, 최저기온, 최고기온
◦ 마감공사 : 강수량, 최고기온, 최저기온

〈표3-17〉 산업지수(건설) 단계구분

산업명	분류	기상조건	내용
기초공사	좋음	무강수, 일최저기온 5℃ 이상 일최고기온 25℃ 미만	공사에 좋은 기상조건
	보통	일강수량 5mm 미만, 일최저기온 0℃ 이상 5℃ 미만 또는 일최고기온 25℃ 이상 30℃ 미만	작업 효율이 떨어짐
	나쁨	일강수량 5mm 이상, 일최저기온 0℃ 미만 또는 일최고기온 30℃ 이상	안전상 작업하지 않는 것이 좋음
골조공사	좋음	무강수 일평균기온 17℃ 이상 25℃ 미만	공사에 좋은 기상 조건
	보통	일강수량 5mm 미만, 일평균기온 5℃ 이상 17℃ 미만	공정 효율이 떨어짐
	나쁨	일강수량 5mm 이상, 일평균기온 5℃미만 또는 25℃ 이상 또는 일최고기온 30℃이상	안전 및 공정 효율이 매우 떨어짐
석공사	좋음	무강수, 일최저기온 5℃ 이상 일최고기온 25℃ 미만	공사에 좋은 기상조건
	보통	일강수량 5mm미만, 일최저기온 0℃ 이상 5℃ 미만 또는 일최고기온 25℃ 이상 30℃ 미만	작업 효율이 떨어짐
	나쁨	일강수량 5mm 이상, 일최저기온 0℃ 미만 또는 일최고기온 30℃ 이상	안전상 작업하지 않는 것이 좋음
마감공사	좋음	무강수, 일최저기온 5℃이상 일최고기온 25℃ 미만	공사에 좋은 기상조건
	보통	일강수량 5mm 미만,일최저기온 0℃ 이상 5℃ 미만 또는 일최고기온 25℃ 이상 30℃ 미만	작업 효율이 떨어짐
	나쁨	일강수량 5mm 이상 일최저기온 0℃ 미만 또는 일최고기온 30℃ 이상	안전상 작업하지 않는 것이 좋음

□ 유통10)

∘ 시원한 음료, 따뜻한 음료, 빙과류 : 평균기온11)

∘ 낮은 도수(맥주), 높은 도수(소주, 양주), 과일, 채소 : 평균기온, 강수량

∘ 수산물 : 평균기온, 강수유무

∘ 구이용 육류, 탕류 : 평균기온, 일기상태

∘ 운송 : 강수량, 신적설

〈표3-18〉 산업지수(유통) 단계구분

산업명	분류	기상조건
구이용 육류	소비증가	맑음 그리고 일평균기온 15℃ 이상
	소비보통	흐림 또는 일평균기온 5℃ 이상 15℃ 미만
	소비저조	강수 또는 일평균기온 5℃ 미만
탕류	소비증가	맑음 그리고 일평균기온 5℃ 미만
	소비보통	흐림 또는 일평균기온 5℃ 이상 20 ℃ 미만
	소비저조	일평균기온 20℃ 이상 또는 강수
빙과류	소비증가	일평균기온 25℃ 이상 30℃ 미만
	소비보통	일평균기온 0℃ 이상 25℃ 미만
	소비저조	일평균기온 0℃ 미만 또는 일평균기온 30℃ 이상
시원한 음료	소비증가	일평균기온 20℃ 이상
	소비보통	일평균기온 5℃ 이상 20℃ 미만
	소비저조	일평균기온 5℃ 미만
따뜻한 음료	소비증가	일평균기온 0℃ 미만

10) Shen, Danna, Xiaofeng Zhang, and Xinyu Zhao. "The impact of weather forecast accuracy on the economic value of weather-sensitive industries." (2024).
11) Yim, Hyungsun, and Sandy Dall'Erba. "Impact of Extreme Weather Events on the US Domestic Supply Chain of Food Manufacturing." (2024).

	소비보통	일평균기온 0℃ 이상 20℃ 미만
	소비저조	일평균기온 20℃ 이상
낮은도수 (맥주)	소비증가	강수에 관계없이 일평균기온은 20℃ 이상
	소비보통	일평균기온 20℃ 미만이고 일강수량 80mm 미만
	소비저조	일평균기온 20℃ 미만이고 일강수량 20mm 이상
높은도수 (소주'양주)	소비증가	일평균기온 10℃ 미만이고 일강수량 20mm 미만
	소비보통	일평균기온 10℃ 이상 20℃ 미만 또는 일강수량 20mm 이상 80mm 미만
	소비저조	일평균기온 20℃ 이상 또는 일강수량 80mm 이상
과일'채소	소비증가	일강수량 5mm 미만이고 일평균기온 15℃ 이상
	소비보통	일강수량 5mm 미만이고 일평균기온 15℃ 미만
	소비저조	일평균기온에 관계없이 일강수량 5mm 이상
수산물	소비증가	무강수이고 일평균기온 15℃ 미만
	소비보통	무강수이고 일평균기온 15℃ 이상 25℃ 미만
	소비저조	강수 또는 일평균기온 25℃ 이상
운송	좋음	무강수
	보통	일강수량 5mm 미만
	주의	일강수량 5mm 이상 80mm 미만 또는 일신적설 5cm 미만
	위험	일강수량 80mm 이상 또는 일신적설 5cm 이상

□ 에너지[12][13]
  ◦ 난방에너지[14], 냉방에너지 : 최고기온

〈표3-19〉 산업지수(에너지) 단계구분

산업명	분류	기상조건	내용
난방 에너지	소비보통	일최고기온 18℃ 이상	보통 난방 수요
	소비증가	일최고기온 5℃ 이상 18℃ 미만	난방용 에너지 소비 증가
	소비매우증가	일최고기온 5℃ 미만	난방용 에너지 소비 많음
냉방 에너지	소비보통	일최고기온 26℃ 미만	보통 냉방 수요
	소비증가	일최고기온 26℃ 이상 30℃ 미만	냉방용 장비의 사용 증가
	소비매우증가	일최고기온 30℃ 이상	냉방용 장비의 사용이많음

□ 레져
  ◦ 바다낚시, 스킨스쿠버 : 평균파고
  ◦ 스키 : 평균풍속, 평균기온, 강수량

〈표3-20〉 산업지수(레져) 단계구분

산업명	분류	범례	기상조건	내용
바다낚 시	안호		일평균파고 1m 미만	낚시 활동에 적당
	보통		일평균파고 1m 이상 2m 미만	낚시 활동 가능
	주의		일평균파고 2m 이상 3m 미만	초보자의 경우 위험 자제 필요
	위험		일평균파고 3m 이상 5m 미만	안전한 곳에서만 제한적으로 가능하나 세심한 주의가 필요
	불가		일평균파고 5m 이상	활동 불가

---

12) Agostino, Mariarosaria. "Extreme weather events and firms' energy practices. The role of country governance." Energy Policy 192 (2024): 114235.
13) Stoop, Laurens P., et al. "The climatological renewable energy deviation index (credi)." Environmental Research Letters 19.3 (2024): 034021.
14) Dong, Feng, et al. "Extreme weather, policy uncertainty, and risk spillovers between energy, financial, and carbon markets." Energy Economics (2024): 107761.

스키	양호		일평균풍속 5m/s 미만이고	설질이 건조한 가루눈(건설)이 므로 스키에 가장 적합
	보통		일평균풍속 5m 이상 10m/s 미만 또는 일평균기온 -5℃ 이상 0℃ 미만	설질이 습하여 제동이나 회전이 어려워 부상이 발생 가능
	주의		일강수량 5mm 이상 또는 일평균기온 -10℃ 미만 또는 일평균기온 0℃ 이상 또는 일평균풍속 10m/s 이상 15m/s 미만	안전을 위하여 활동 제한
	불가		일평균풍속 15m/s 이상	안전을 위하여 리프트 가동 중지
스킨 스쿠버	양호		일평균파고 1m 미만	스킨스쿠버 활동에 가장 적당
	보통		일평균파고 1m 이상 2m 미만	스킨스쿠버 활동가능
	주의		일평균파고 2m 이상 3m 미만	초보자의 경우 위험하므로 자재 필요
	불가		일평균파고 3m 이상 기상특보 발효시	안전을 위해서 활동 불가

□ 교통15)16)

◦ 해상교통 : 평균파고, 평균풍속 ◦육상교통: 강수량, 적설

〈표3-21〉 산업지수(교통) 단계구분

산업명	분류	범례	기상조건
해상교통	좋음		일평균파고 1m 미만이고 이평균풍속 8m/s 미만
	보통		일평균파고 1m 이상 2 미만 또는 일평균풍속 8m/s 이상 10m/s 미만
	주의		일평균파고 2m 이상 3m 미만 또는 일평균풍속 10m/s 이상 14m/s 미만
	위험		일평균파고 3m 이상 또는 일평균풍속 14m/s 이상
육상교통	좋음		무강수
	보통		일강수량 5mm 미만 또는 무강설
	주의		일강수량 5mm 이상 50mm 미만 또는 신적설 3cm 미만
	위험		일강수량 50mm 이상 또는 신적설 3cm 이상

---

15) Skevas, Theodoros, Benjamin Brown, and Wyatt Thompson. "Inferring impacts of weather extremes on the US crop transportation network." (2024).
16) Wimmer, Anna Christina. Forecasting flight delays with climate data and implications for the airline industry. Diss. 2024.

□ 파머지수[17]

과거 30년간 월강수량, 월평균기온을 이용한 수분수지 모형으로 기후적으로 필요한 강수량을 추정하고 실제 누적 강수량, 유출량, 토양수분량 등을 종합적으로 고려하여 가뭄지수 산출

〈표3-22〉 파머지수 단계구분

가뭄지수	가뭄정도
3 ≤ X	매우습함
1 ≤ X < 3	습함
0.5 ≤ X < 1	다소습함
-0.5 ≤ X < 0.5	정상
-1 < X ≤ -0.5	가뭄시작
-3 < X ≤ -1	가뭄
X ≤ -3	매우가뭄

제2절 해외 주요국의 기상기후 지수 지표들의 활용

제1절에서는 우리 나라에서 생산 유통되는 기상 기후 지수들을 살펴보았는데, 해외 주요국에도 같은 혹은 유사한 지표체계들이 존재한다.

---

17) Palmer, J.G., Verdon-Kidd, D., Allen, K.J. et al. Drought and deluge: the recurrence of hydroclimate extremes during the past 600 years in eastern Australia's Natural Resource Management (NRM) clusters. Nat Hazards 120, 3565?3587 (2024).

1. 보건기상지수[18]

1) 영국사례 4단계

영국 기상청의 경우도 단계별 기상정보 체계를 유지하고 있다.

More about Heat-Health Watch

The Heat-Health Watch operates in association with the Department of Health and the Welsh Assembly.

Heatwave threshold values:

Heat-Health Watch regions:

Region	Threshold temperature (℃)	
	Day max	Night min
North East England	28	15
North West England	30	15
Yorkshire and the Humber	29	15
East Midlands	30	15
West Midlands	30	15
East of England	30	15
South East England	31	16
London	32	18
South West England	30	15
Wales	30	15

These temperatures could have significant effect on health if reached on at least two consecutive days and the intervening night.

Back to current watch level

What do the different levels mean?

Level 1 - Summer preparedness and long-term planning. This is the minimum state of vigilance during the summer. During this time social and healthcare services will ensure that all awareness and background preparedness work is ongoing. The majority of the time the risk of a heatwave will be less than 50%. However, when the risk exceeds 50% this will be indicated by 'Level 1 - Summer preparedness - Increased risk'.

> **Advice for level 1:**
> If you are worried about what to do, either for yourself or somebody you know who you think might be at risk, contact NHS Direct at www.nhsdirect.nhs.uk or on 0845 4647.

Level 2 - Alert and readiness – triggered as soon as the risk is 80% or above for threshold temperatures being reached in one or more regions on at least two consecutive days and the intervening night. This is an important stage for social and healthcare services who will be working to ensure readiness and swift action to reduce harm from a potential heatwave.

> **Advice for level 2:**
> Heatwaves can be dangerous, especially for the very young, very old or those with chronic diseases.
>
> Advice on how to reduce the risk, either for yourself or somebody you know, can be obtained from NHS Direct at www.nhsdirect.nhs.uk or on 0845 4647, or from your local pharmacist.

Level 3 - Heatwave action – triggered as soon as the Met Office confirms threshold temperatures will be reached in one or more regions. This stage requires social and healthcare services to target specific actions at high-risk groups.

Level 4 - Emergency – reached when a heatwave is so severe and/or prolonged that its effects extend outside the health and social care system. At this level, illness and death may occur among the fit and healthy, and not just in high-risk groups.

> **Advice for level 3 or 4:**
> Stay out of the sun. Keep your home as cool as possible – shutting windows during the day may help. Open them when it is cooler at night. Keep drinking fluids. If there is anyone you know who might be at special risk, for example an older person living on their own, make sure they know what to do.
>
> Advice on how to reduce the risk, either for yourself or somebody you know, can be obtained from NHS Direct at www.nhsdirect.nhs.uk or on 0845 4647, or from your local pharmacist.

〈그림 3-1〉 영국 보건지수

---

18) Brimicombe, Chloe, et al. "A scoping review on heat indices used to measure the effects of heat on maternal and perinatal health." BMJ Public Health 2.1 (2024).
Salas, Renee N., et al. "Impact of extreme weather events on healthcare utilization and mortality in the United States." Nature Medicine 30.4 (2024): 1118-1126.

2) 캐나다 사례[19)]

○ 감기[20)]

(http://www.theweathernetwork.com/flu/index/)

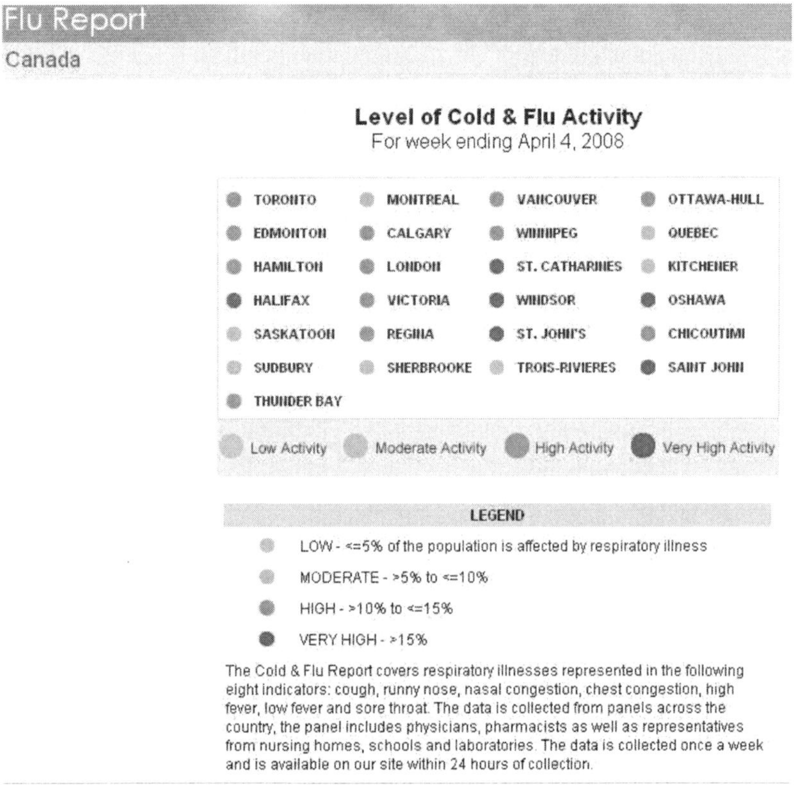

〈그림 3-2〉 캐나다 감기 지수

---

19) Goldstein, Joshua R., and Ronald D. Lee. "Life Expectancy Reversals in Low Mortality Populations." Population and Development Review (2024).
20) Wang, Zekun, et al. "Zoonotic spillover and extreme weather events drive the global outbreaks of airborne viral emerging infectious diseases." Journal of Medical Virology 96.6 (2024): e29737.

○ 캐나다 사례-꽃가루21)

(http://www.theweathernetwork.com/pollenfx/POYVR/cabc0308)

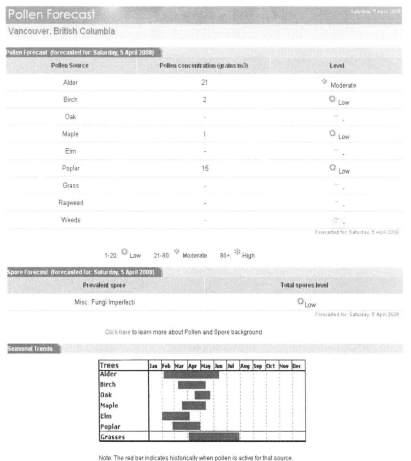

〈그림 3-3〉 캐나다 꽃가루 지수

21) Cho, Xuan-Xian, Sin-Ban Ho, and Chuie-Hong Tan. "Improving asthma treatment adherence by integrating weather information with responsive web technique." AIP Conference Proceedings. Vol. 3153. No. 1. AIP Publishing, 2024.

3) 일본사례

o 화분정보, SPF 예보, 열사병 예보[22]

o 보건 질환 관련 지표 예시

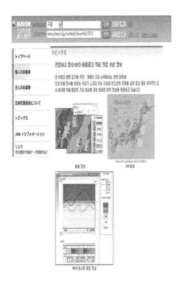

〈그림 3-4〉 일본 의료기상 정보

심부전(2단계), 심근경색(3단계), 뇌졸중(2단계)-히로시마현 사례

열사병 지수 단계 설명(5단계)

감기와 천식 지수 사례(각 3단계)

화분-꽃가루 지수(6단계)

---

22) Boudreault, Jeremie, Celine Campagna, and Fateh Chebana. "Revisiting the importance of temperature, weather and air pollution variables in heat-mortality relationships with machine learning." Environmental Science and Pollution Research 31.9 (2024): 14059-14070.

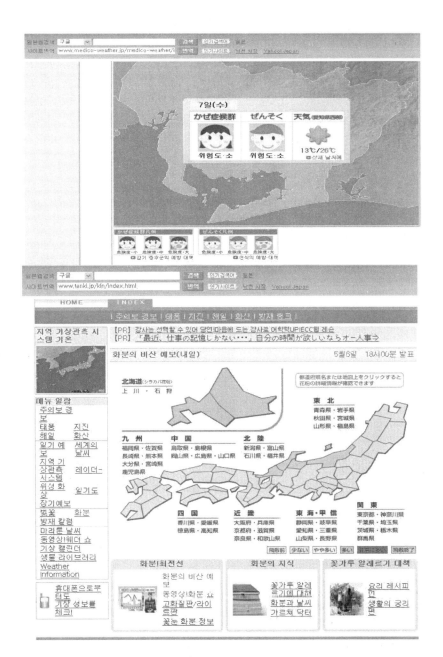

〈그림 3-5〉 일본 화분 정보

4) 미국사례[23]

(http://www.wrh.noaa.gov/images/ggw/windchill.jpg)

미국사례

(http://www.weather.gov/os/windchill/index.shtml)

2. 한파 관련 지수[24]

Wind Chill Calculation Chart [25]

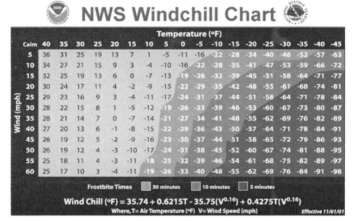

〈표 3-23〉 한파지수: 미국

---

23) Rafi, Shahnawaz, et al. "Extreme weather events and the performance of critical utility infrastructures: a case study of Hurricane Harvey." Economics of Disasters and Climate Change 8.1 (2024): 33-60.

24) Choi, E., et al. "Comparative analysis of thermal indices for modeling cold and heat stress in US dairy systems." Journal of Dairy Science (2024).

25) Martel, John W., and J. Matthew Sholl. "Impact of Weather and Climate Change on Mass Gathering Events." Mass Gathering Medicine: A Guide to the Medical Management of Large Events (2024): 305.
Zhao, Jinping, et al. "Predicting survival time for cold exposure by thermoregulation modeling." Building and Environment 249 (2024): 111127.

T air	5	0	-5	-10	-15	-20	-25	-30	-35	-40	-45	-50
V10												
5	4	-2	-7	-13	-19	-24	-30	-36	-41	-47	-53	-58
10	3	-3	-9	-15	-21	-27	-33	-39	-45	-51	-57	-63
15	2	-4	-11	-17	-23	-29	-35	-41	-48	-54	-60	-66
20	1	-5	-12	-18	-24	-30	-37	-43	-49	-56	-62	-68
25	1	-6	-12	-19	-25	-32	-38	-44	-51	-57	-64	-70
30	0	-6	-13	-20	-26	-33	-39	-46	-52	-59	-65	-72
35	0	-7	-14	-20	-27	-33	-40	-47	-53	-60	-66	-73
40	-1	-7	-14	-21	-27	-34	-41	-48	-54	-61	-68	-74
45	-1	-8	-15	-21	-28	-35	-42	-48	-55	-62	-69	-75
50	-1	-8	-15	-22	-29	-35	-42	-49	-56	-63	-69	-76
55	-2	-8	-15	-22	-29	-36	-43	-50	-57	-63	-70	-77
60	-2	-9	-16	-23	-30	-36	-43	-50	-57	-64	-71	-78
65	-2	-9	-16	-23	-30	-37	-44	-51	-58	-65	-72	-79
70	-2	-9	-16	-23	-30	-37	-44	-51	-58	-65	-72	-80
75	-3	-10	-17	-24	-31	-38	-45	-52	-59	-66	-73	-80
80	-3	-10	-17	-24	-31	-38	-45	-52	-60	-67	-74	-81

where T= Air temperature in °C and V10 = Observed wind speed at 10m elevation, in km/h.

FROSTBITE GUIDE
Low risk of frostbite for most people
Increasing risk of frostbite for most people in 10 to 30 minutes of exposure
High risk for most people in 5 to 10 minutes of exposure
High risk for most people in 2 to 5 minutes of exposure
High risk for most people in 2 minutes of exposure or less

〈그림 3-6〉 열지수: 미국

3. 열지수(Heat Index)[26]

1) 미국사례-정부

(http://www.cpc.ncep.noaa.gov/products/predictions/shor
t_range/heat/hi_610.php)
(http://www.crh.noaa.gov/grb/hi.php)

〈표 3-24〉 열지수: 미국

°F	40	45	50	55	60	65	70	75	80	85	90	95	100
110	136												
108	130	137											
106	124	130	137										
104	119	124	131	137									
102	114	119	124	130	137								
100	109	114	118	124	129	136							
98	105	109	113	117	123	128	134						
96	101	104	108	112	116	121	126	132					
94	97	100	103	106	110	114	119	124	129	135			
92	94	96	99	101	105	108	112	116	121	126	131		
90	91	93	95	97	100	103	106	109	113	117	122	127	132
88	88	89	91	93	95	98	100	103	106	110	113	117	121
86	85	87	88	89	91	93	95	97	100	102	105	108	112
84	83	84	85	86	88	89	90	92	94	96	98	100	103
82	81	82	83	84	84	85	86	88	89	90	91	93	95
80	80	80	81	81	82	82	83	84	84	85	86	86	87

Relative Humidity (%) / Air Temperature / Heat Index (Apparent Temperature)

With Prolonged Exposure and/or Physical Activity

Extreme Danger — Heat stroke or sunstroke highly likely

Danger — Sunstroke, muscle cramps, and/or heat exhaustion likely

Extreme Caution — Sunstroke, muscle cramps, and/or heat exhaustion possible

Caution — Fatigue possible

Heat Wave Safety Tips[27]

Heat Index & Related Heat Disorder

Heat Index & Related Heat Disorder	
130	Heat stroke likely
105-130	Sunstroke, Heat Cramps or Heat Exhaustion likely
90-105	Sunstroke, Heat Cramps or Heat Exhaustion likely

---

26) Ahn, Yoonjung. "Disparities of Compound Exposure of Particulate Matter (PM2. 5) and Heat Index using Citywide Monitoring Networks." Sustainable Cities and Society (2024): 105626.

27) Romps, David M. "Heat index extremes increasing several times faster than the air temperature." Environmental Research Letters 19.4 (2024): 041002.

2) 영국사례 (민간사업자)[28]

(http://www.r-p-r.co.uk/heat_index.htm)

heat index 4 levels[29]

UK Richard Paul Russell Ltd

〈표 3-25 열지수: 영국〉

KEY:

Category	Heat Index	Possible effects
Caution	80 – 90°F (27 – 32°C)	Fatigue possible with prolonged exposure and/or physical activity.
Extreme Caution	90 – 105°F (32 – 41°C)	Sunstroke, muscle cramps, and/or heat exhaustion possible with prolonged exposure and/or physical activity.
Danger	105 – 129°F (41 – 54°C)	Sunstroke, muscle cramps, and/or heat exhaustion likely. Heatstroke possible with prolonged exposure and/or physical activity.
Extreme Danger	130°F or higher (54°C or higher)	Heat stroke or sunstroke likely.

28) Kotharkar, Rajashree, et al. "Numerical analysis of extreme heat in Nagpur city using heat stress indices, all-cause mortality and local climate zone classification." Sustainable Cities and Society 101 (2024): 105099.

29) Garbe,C. U. Keim, S. Gandini, T. Amaral, A. Katalinic, B. Hollezcek, et al. "Epidemiology of cutaneous melanoma and keratinocyte cancer in white populations 1943-2036", Eur J Cancer, 152 (2021), pp. 18-25

4. UV지수[30)]

1) 미국 자외선 지수 5단계[31)]

http://www.crh.noaa.gov/sgf/Safety/summer_safety.php

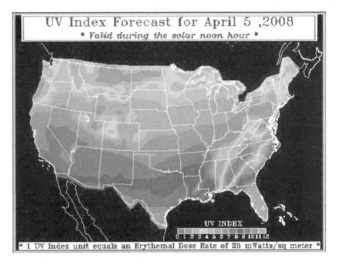

Exposure Category	UV Index	Protective Actions
Minimal	0, 1, 2	Apply skin protection factor (SPF) 15 sun screen.
Low	3, 4	SPF 15 & protective clothing (hat)
Moderate	5, 6	SPF 15, protective clothing, and UV-A&B sun glasses.
High	7, 8, 9	SPF 15, protective clothing, sun glasses and make attempts to avoid the sun between 10am to 4pm.
Very High	10+	SPF 15, protective clothing, sun glasses and avoid being in the sun between 10am to 4pm.

〈그림 3-7〉 자외선 지수: 미국

30) Gandini, S.F. Sera, M.S. Cattaruzza, P. Pasquini, O. Picconi, P. Boyle, et al. Meta-analysis of risk factors for cutaneous melanoma: II. Sun exposure. Eur J Cancer, 41 (2005), pp. 45-60
31) World Health Organization. Radiation: The ultraviolet (UV) index. (https://www.who.int/news-room/questions-and-answers/item/radiation-the-ultraviolet〉(uv)-index). 2022.

2) 일본 UV 사례

(http://www.jma.go.jp/en/uv/000.html)

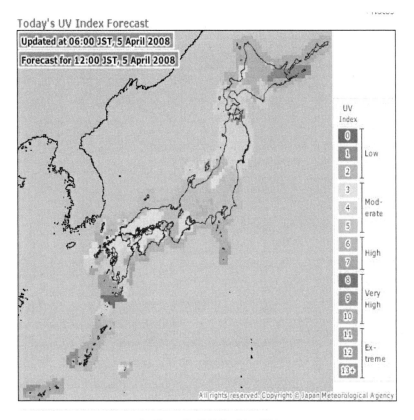

Today's UV Index Forecast

〈그림 3-8〉 자외선 지수: 일본

3) 미국 민간기업 UV 5 단계[32)]

(http://www.anythingweatherstore.com/product/2754/Sea
WatchUV-Index-Watch.html)

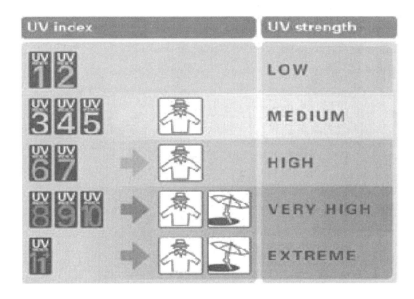

〈그림 3-9〉 미국 민간기업 UV 5단계

32) D.L. Mitchell, R. Greinert, F.R. de Gruijl, K.L. Guikers, E.W.
Breitbart, M. Byrom, et al. "Effects of chronic low-dose ultraviolet
B radiation on DNA damage and repair in mouse skin".
Cancer Res, 59 (1999), pp. 2875-2884

4) 영국 기상청 UV 5단계[33]

http://www.metoffice.gov.uk/weather/europe/europe_uv.html)

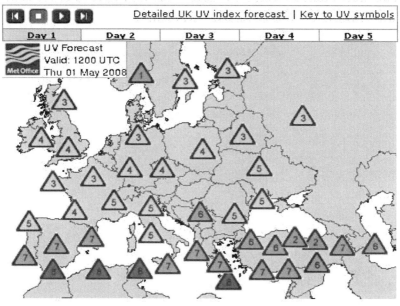

〈그림 3-10〉 자외선 지수: 유럽

---

33) Claus Garbe, Ana-Maria Forsea, Teresa Amaral, Petr Arenberger, Philippe Autier, Marianne Berwick. et. al.
"Skin cancers are the most frequent cancers in fair-skinned populations, but we can prevent them", European Journal of Cancer, Volume 204,2024,114074,

5. 황사영향지수

1) 일본사례
(http://www.jma.go.jp/en/kosa/)

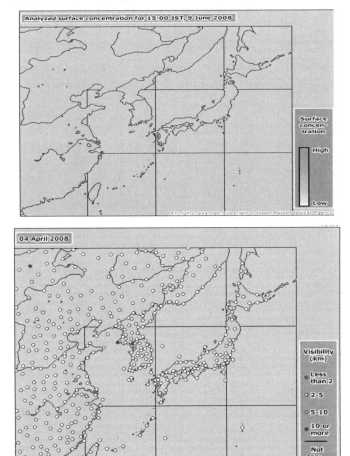

〈그림 3-11〉 황사지수: 일본

6. 불쾌지수

1) 유럽사례[34]

(http://www.eurometeo.com/english/read/doc_heat)

THOM'S DISCOMFORT INDEX[35]

	25%	30%	35%	40%	45%	50%	55%	60%	65%	70%	75%	80%	85%	90%	95%	100%
42°	32	32	33	33	34	34	35	36	36	36	37	37	37	38	38	38
41°	31	32	32	33	33	34	34	35	35	36	36	37	37	37	37	37
40°	30	31	31	32	32	33	33	34	34	35	35	35	36	36	36	37
39°	30	30	31	31	32	32	33	33	34	34	34	35	35	35	36	36
38°	29	30	30	31	31	32	32	33	33	33	34	34	34	35	35	35
37°	28	29	29	30	30	31	31	32	32	32	33	33	33	34	34	34
36°	28	28	29	29	30	30	30	31	31	32	32	32	33	33	33	34
35°	27	27	28	28	29	29	30	30	30	31	31	32	32	32	33	33
34°	26	27	27	28	28	29	29	29	30	30	30	31	31	31	32	32
33°	26	26	27	27	27	28	28	29	29	29	30	30	30	31	31	31
32°	25	25	26	26	27	27	27	28	28	29	29	29	30	30	30	30
31°	24	25	25	26	26	26	27	27	27	28	28	28	29	29	29	30
30°	24	24	24	25	25	26	26	26	27	27	27	28	28	28	29	29
29°	23	23	24	24	25	25	26	26	26	27	27	27	28	28	28	
28°	22	23	23	23	24	24	25	25	25	26	26	26	27	27	27	
27°	22	22	22	23	23	23	24	24	24	25	25	25	26	26	26	26
26°	21	21	22	22	22	23	23	23	24	24	24	25	25	25	25	26
25°	20	21	21	21	22	22	22	23	23	23	23	24	24	24	25	25
24°	20	20	20	21	21	21	22	22	22	22	23	23	23	23	24	24
23°	19	19	20	20	20	21	21	21	21	22	22	22	22	23	23	23
22°	18	19	19	19	19	20	20	20	21	21	21	21	22	22	22	22

Up to 21	No discomfort
From 21 to 24	Less than half population feels discomfort
From 25 to 27	More than half population feels discomfort
From 28 to 29	Most population feels discomfort and deterioration of psychophysical conditions
From 30 to 32	The whole population feels an heavy discomfort
Over 32	Sanitary emergency due to the the very strong discomfort which may cause heatstr

〈그림 3-12〉 불쾌지수: 유럽

34) Commission Internationale de l'Eclairage. Discomfort Caused by Glare from Luminaires with a Non-Uniform Source Luminance CIE 232:2019. Vienna: CIE, 2019.
35) Abboushi B, Miller N. What to measure and report in studies of discomfort from glare for pedestrian applications. Lighting Research & Technology. 2024;56(3):250-259.

7. 체감온도

1) 산불위험지수[36]

캐나다 사례

(http://www.theweathernetwork.com/index.php?product=forestfire&pagecontent=system&pagecontent=bui)

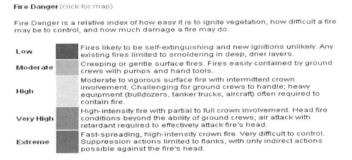

(https://nofc1.cfsnet.nfis.org/mapserver/cwfis/index.phtml)

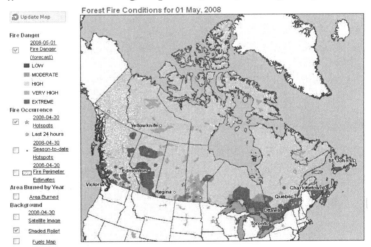

〈그림 3-13〉 산불 위험지수: 캐나다

---

36) Shokouhi, Mojtaba, et al. "Calibration and evaluation of the Forest Fire Weather Index (FWI) in the Hamoun wetland area." Journal of Natural Environmental Hazards 13.39 (2024): 45-60.

2) 미국사례(정부)[37]

http://www.spc.noaa.gov/misc/links.html#Fire
http://www.fs.fed.us/land/wfas/fd_class.gif

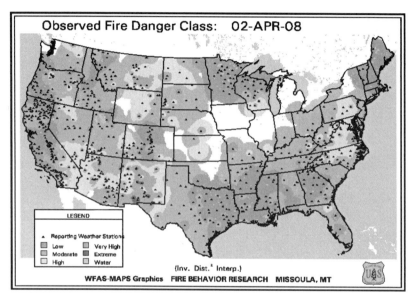

〈그림 3-14〉 산불위험지수: 미국

---

37) Guo, Rentao, et al. "Assessment of the Analytic Burned Area Index for Forest Fire Severity Detection Using Sentinel and Landsat Data." Fire 7.1 (2024): 19.
Peng, Yuwen, et al. "Reconstructing historical forest fire risk in the non-satellite era using the improved forest fire danger index and long short-term memory deep learning-a case study in Sichuan Province, southwestern China." Forest Ecosystems 11 (2024): 100170.

8. 난방도일(HDD)

http://www.cpc.ncep.noaa.gov/products/predictions/expe
rimental/ddtest/ddvrf-23jan2005.pdf

http://www.cpc.ncep.noaa.gov/products/predictions/expe
rimental/ddtest/weekass.html(미국사례)

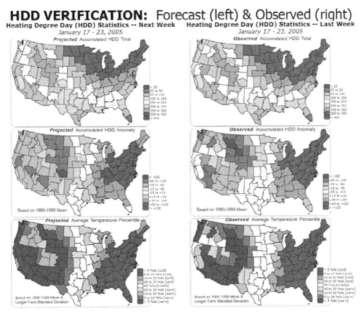

〈그림 3-15〉 난방도일: 미국

9. 대기오염기상지수[38]

대기오염지수 환경성제공(6단계)

1) 미국사례

(http://www.weather.gov/aq/)

(http://airnow.gov/index.cfm?action=aqibroch.aqi#aqipar)

The purpose of the AQI is to help you understand what local air quality means to your health. To make it easier to understand, the AQI is divided into six categories:

Air Quality Index (AQI) Values	Levels of Health Concern	Colors
When the AQI is in this range:	...air quality conditions are:	...as symbolized by this color:
0 to 50	Good	Green
51 to 100	Moderate	Yellow
101 to 150	Unhealthy for Sensitive Groups	Orange
151 to 200	Unhealthy	Red
201 to 300	Very Unhealthy	Purple
301 to 500	Hazardous	Maroon

Each category corresponds to a different level of health concern. The six levels of health concern and what they mean are:

- **"Good"** The AQI value for your community is between 0 and 50. Air quality is considered satisfactory, and air pollution poses little or no risk.

- **"Moderate"** The AQI for your community is between 51 and 100. Air quality is acceptable; however, for some pollutants there may be a moderate health concern for a very small number of people. For example, people who are unusually sensitive to ozone may experience respiratory symptoms.

- **"Unhealthy for Sensitive Groups"** When AQI values are between 101 and 150, members of sensitive groups may experience health effects. This means they are likely to be affected at lower levels than the general public. For example, people with lung disease are at greater risk from exposure to ozone, while people with either lung disease or heart disease are at greater risk from exposure to particle pollution. The general public is not likely to be affected when the AQI is in this range.

- **"Unhealthy"** Everyone may begin to experience health effects when AQI values are between 151 and 200. Members of sensitive groups may experience more serious health effects.

- **"Very Unhealthy"** AQI values between 201 and 300 trigger a health alert, meaning everyone may experience more serious health effects.

- **"Hazardous"** AQI values over 300 trigger health warnings of emergency conditions. The entire population is more likely to be affected.

〈그림 3-16〉 미국 대기 오염지수

---

38) Swain, Chinmaya Kumar. "Environmental pollution indices: a review on concentration of heavy metals in air, water, and soil near industrialization and urbanisation." Discover Environment 2.1 (2024): 5.

2) 캐나다 사례[39)]

(http://www.theweathernetwork.com/index.php?product=airquality&airqualitycode=bc)

Taylor Townsite May 1,16:49	Sulphur Dioxide	NA		
Telkwa May 1,16:49	Fine Particulate Matter	Good	■	[6]
Terrace May 1,16:49	Inhalable Particles	Good	■	[22]
Trail May 1,16:49	Ozone	Fair	■	[27]
Vancouver Downtown May 1,16:49	Ozone	Good	■	[18]
Vernon Science Centre May 1,16:49	Ozone	Good	■	[25]
Victoria Royal Roads University May 1,16:49	Ozone	Good	■	[19]
Victoria Topaz May 1,16:49	Ozone	Good	■	[19]
Whistler Meadow Park May 1,16:49	Ozone	Good	■	[22]
Williams Lake Columneetza School May 1,16:49	Ozone	Good	■	[21]
Williams Lake CRD Library May 1,16:49	Inhalable Particles	Good	■	[9]
Williams Lake Skyline School May 1,16:49	NA	NA		

Good	Fair	Poor	Very poor
0 - 25	26 - 50	51 - 100	100+

〈그림 3-17〉 대기오염지수: 캐나다

---

39) Chehrassan, Mohammadreza, et al. "The role of environmental and seasonal factors in spine deep surgical site infection: the air pollution, a factor that may be underestimated." European Spine Journal (2024): 1-6.

10. 산업지수(농업)[40]

1) 미국사례: 가뭄 지수[41]

(http://www.cpc.ncep.noaa.gov/products/expert_assessme
nt/drought_assessment.shtml)

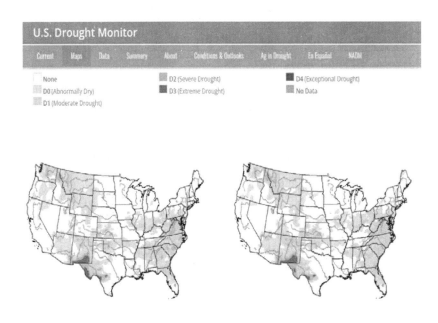

---

40) Agbenyo, Wonder, et al. "Does weather index-based insurance
    adoption influence Cocoa Output? An endogenous swicth
    regression approach." Climate and Development 16.1 (2024): 77-86.
41) Cook BI, Smerdon JE, Cook ER, Williams AP. et. al. (2022)
    Megadroughts in the common era and the Anthropocene. Nat Rev
    Earth Environ 3(11):741-757.
    https://www.drought.gov/data-maps-tools/us-drought-monitor

〈 그림 3-17a〉 미국가뭄지수: Weekly crop moistrue index 9단계

〈표 3-26〉 가뭄 심각 단계 예시

Drought Severity Classification		
Category	Description	Possible Impacts
D0	Abnormally Dry	Going into drought: short-term dryness slowing planting, growth of crops or pastures. Coming out of drought: some lingering water deficits; pastures or crops not fully recovered
D1	Moderate Drought	Some damage to crops, pastures; streams, reservoirs, or wells low, some water shortages developing or imminent; voluntary water-use restrictions requested
D2	Severe Drought	Crop or pasture losses likely; water shortages common; water restrictions imposed
D3	Extreme Drought	Major crop/pasture losses; widespread water shortages or restrictions
D4	Exceptional Drought	Exceptional and widespread crop/pasture losses; shortages of water in reservoirs, streams, and wells creating water emergencies

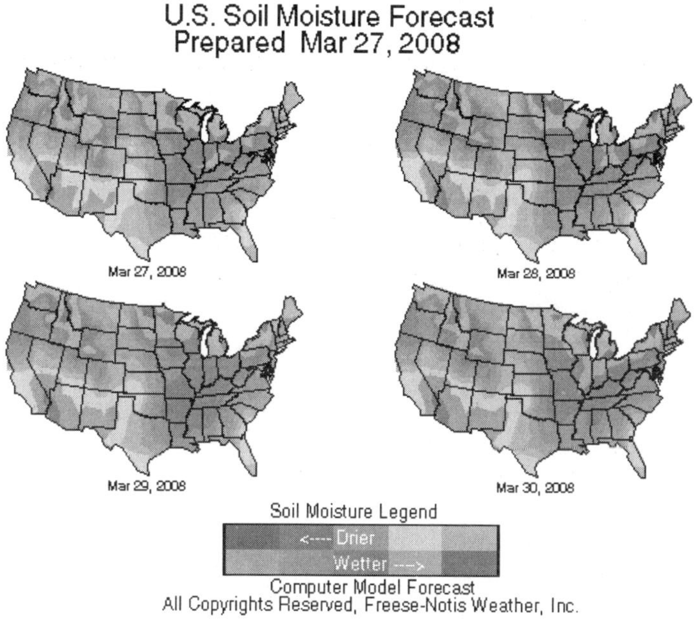

U.S. Soil Moisture Forecast
Prepared Mar 27, 2008

Mar 27, 2008

Mar 28, 2008

Mar 29, 2008

Mar 30, 2008

Soil Moisture Legend

<---- Drier

Wetter --->

Computer Model Forecast
All Copyrights Reserved, Freese-Notis Weather, Inc.

〈그림 3-18〉 토양 습도: 미국

2) 파머가뭄지수: 미국사례[42]

http://lwf.ncdc.noaa.gov/oa/climate/research/prelim/drought
/palmer.html)

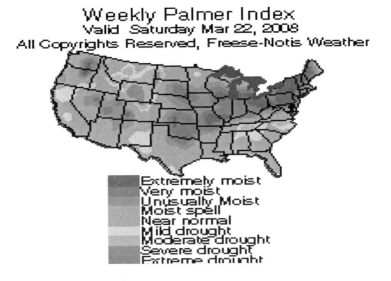

〈그림 3-19〉 파머 가뭄지수 표출 예: 미국

---

42) Nasseri, Mohsen, and Alireza Koucheki. "Does snow storage affect the Palmer drought severity index? Revisiting PDSI drought indicator via conceptual model and large-scale information." Physics and Chemistry of the Earth, Parts A/B/C 135 (2024): 103608.

11. 낙농업

미국사례[43)44)]

(http://www.thedairysite.com/articles/1053/heat-stress-in
-dairy-cows-implications-and-nutritional-management)

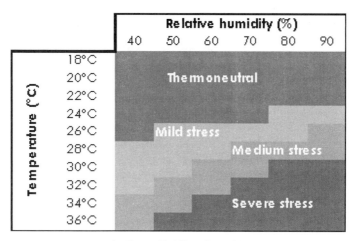

〈그림 3-20〉 낙농 지수 :미국

43) Ramos Coronado, Luis, et al. "Initial Evaluation of the Merit of Guar as a Dairy Forage Replacement Crop during Drought-Induced Water Restrictions." Agronomy 14.6 (2024): 1092.
44) Choi, E., et al. "Comparative analysis of thermal indices for modeling cold and heat stress in US dairy systems." Journal of Dairy Science (2024).

12. 레져[45]

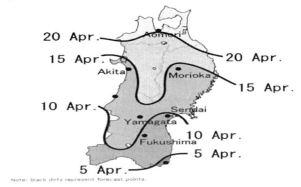

Forecast of cherry blossom blooming dates in 2008 (updated on 2 April)

The figure below indicates the dates when cherry blossoms are expected to bloom in Japan in 2008.

Note: black dots represent forecast points.

〈그림 3-21〉 레져 지수

---

45) Wilkins, Emily J., and Lydia Horne. "Effects and perceptions of weather, climate, and climate change on outdoor recreation and nature-based tourism in the United States: A systematic review." PLOS Climate 3.4 (2024): e0000266.
Amiranashvili, Avtandil, et al. "Holiday Climate Index in Kvemo Kartli (Georgia)." Georgian Geographical Journal 4.1 (2024): 35-46.

13. 교통지수[46]

1) 캐나다 사례[47]

(http://www.theweathernetwork.com/index.php?product=
hwycond&pagecontent=bc_vancouver)

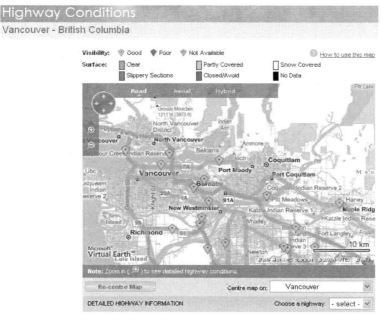

〈그림 3-22〉 교통 지수: 캐나다

---

46) Skevas, Theodoros, Benjamin Brown, and Wyatt Thompson.
"Inferring impacts of weather extremes on the US crop
transportation network." (2024).

47) Lin, Peiqun, et al. "Advancing and lagging effects of weather
conditions on intercity traffic volume: A geographically weighted
regression analysis in the Guangdong-Hong Kong-Macao Greater
Bay Area." International journal of transportation science and
technology 13 (2024): 58-76.

Nickdoost, Navid, et al. "A composite index framework for
quantitative resilience assessment of road infrastructure systems."
Transportation Research Part D: Transport and Environment 131
(2024):104180.

2) 영국사례 [48]

(http://www.metoffice.gov.uk/weather/marine/shipping_f
orecast.html)[49]

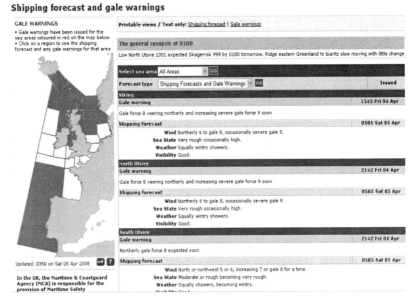

〈그림 3-23〉 교통지수: 영국

---

48) Amekudzi-Kennedy, Adjo, et al. "Developing transportation resilience
adaptively to climate change." Transportation research record 2678.4
(2024): 835-848.

49) Pathivada, Bharat Kumar, Arunabha Banerjee, and Kirolos Haleem.
"Impact of real-time weather conditions on crash injury severity in
Kentucky using the correlated random parameters logit model with
heterogeneity in means." Accident Analysis & Prevention 196
(2024): 107453.

14. 강수량현황

1) 호주사례

(http://www.bom.gov.au/cgi-bin/climate/rainmaps.cgi?pa
ge=map&variable=totals&period=cyear&area=aus)

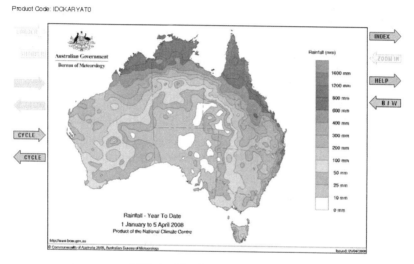

〈그림 3-24〉 강수량 십분위: 호주

강수량십분위

http://www.bom.gov.au/cgi-bin/climate/rainmaps.cgi?pag
e=map&variable=deciles&period=month&area=aus(호주사례)

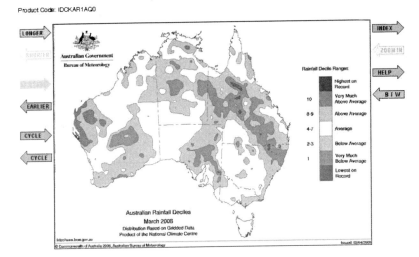

Australian rainfall deciles - 1 month

〈그림 3-25〉 월간 강우량: 호주

국가별 지수별 예측시간과 예측기간

〈표3-27〉 국가별 지수별 예측시간과 예측기간

지수	한국		외국사례	
	예측시간	예측기간	예측시간	예측기간
식중독지수	오늘 내일(6시간), +일주일(12시간)	4월1일~10월31일	사례 없음	사례 없음
부패지수	+6일(24시간)	4월1일~9월 30일	사례 없음	사례 없음
보건기상 지수	+2일	상시	*영국사례(오늘) *캐나다사례 ache&pain 오늘,내일(6시간) pollen (내일)	heat health(영국) 6월1일~9월15일 *캐나다사례 flu report (11월 30일~3월) 나머지는 상시
열지수	오늘 내일(6시간), +일주일 (12시간)	4월1일~10월 31일	*미국사례 예보(cpc)- 6-10일 8-14일	상시

자외선지수	내일	상시	*미국사례 +3일(12시) *일본사례 현황(1시간)	상시
황사영향 지수	현황 (1시간)	3월~5월	*일본사례 관측 오늘(축적), -4일(24시간) 예측 +3일(6시간)	
불쾌지수	오늘 내일(6시간), +일주일(24시간)	4월~10월	사례없음	사례없음
체감온도	오늘 내일(6시간), +일주일 (24시간)	10월~4월	*캐나다 기상청 오늘, 내일(6시간) *캐나다 민간사업 자-(현황)	상시
산불위험 지수	현황 12시,15시, 18시, 21시	11월1일~12월15 일, 2월1일~5월15 일	*미국사례 오늘 내일(하루4번) +3일~8일(24시간)	상시
실효습도	+6일 (15시)	상시	사례 없음	사례 없음
난방도일	오늘 (15시)	10월~4월	미국사례 HDD-CDD 일주간, 시즌별,	HDD(11월-3월) CDD(5월-9월)
동파가능성	+2일	12월~2월	사례 없음	사례 없음
대기오염 기상지수	+42시간 (6시간)	상시	*미국사례 update(12시간) (1시간평균,8시간 평균)	상시
파머가뭄 지수	현황	상시	*미국사례 3주간(1주) 지난1년(1달)	
강수량십 분위	1개월, 올해, 겨울철이후 가을철이후	상시	*호주사례 1,3,6,9,12, 18,24month	
강수량현황	1개월, 올해, 겨울철이후 가을철이후	상시	*호주사례 1day, 1week, 1,3,6,9,12, 18,24month	

제3절 국내외 사례 비교

1. 국내외 지수별 종합비교

□ 보건기상지수(천식, 뇌졸중, 피부질환, 폐질환)[50]

〈표3-28〉 국내외 사례비교(보건기상지수-질병)

구분	한국(뇌졸중 등)	캐나다(aches&pain)	캐나다(Pollen)	캐나다(flu)
제공기간	상시	상시	2, 3월~10월	11월 30일~3월
예측시간	오늘, 내일, 모FP	현황(1시간 마다)	현황	현황
단계	3단계	3단계	3단계	4단계
색상	초록, 노랑, 주황	하늘,주황,빨강	초록, 노랑, 빨강	하늘,노랑,주황,빨강
등급	보통, 주의, 위험	(낮은,중간,높은)위험	낮음, 중간, 높음	(낮은,중간,높은,아주높은) 활동
비고		온도,습도,이슬점	꽃가루(종류별)	인구대비%

구분	일본(뇌졸중,심부전,심근경색)	일본(감기증후군,천식범례)	일본(열사병예방정보)
제공기간	상시	상시	상시
예측시간	현황(오늘)	현황(오늘)	현황(오늘)
단계	심근경색(3단계) 심부전 뇌졸중(2단계)	감기증후군범례(3단계) 천식증후군범례(3단계)	5단계
색상	분홍, 연보라, 보라	연두, 상아, 주황	하늘, 노랑(2), 주황, 빨강
등급	위험(소, 중, 대) 보통,주의,경계 위험(소, 중)	위험도(소, 중 ,대)	거의안전, 주의, 경계, 엄중경계, 운동중지
비고	히로시마현		

---

50) Miłuch, Oktawia, and Katarzyna Kopczewska. "Fresh air in the city: the impact of air pollution on the pricing of real estate." Environmental Science and Pollution Research 31.5 (2024): 7604-7627.

시사점 : 조금씩 다른 방면에 대한 보건기상지수를 제공하고 다른
　　　　기준으로 제공하고 있지만 외국의 사례(캐나다 민간)의
　　　　경우 3~4단계를 보이고 있으며 우리나라도 이와 비슷하
　　　　다. 캐나다의 경우 영토가 넓기 때문에 지역별로 세부적
　　　　으로 나누어 제공하고 있다. 일본의 경우는 색상보다는
　　　　간단한 이미지로 제공하는 것이 특징이다. 예측시간은 나
　　　　라마다 다르며 하루를 주기로 한다.

□ 보건기상지수(동상)

〈표3-29〉 국내외사례비교(보건기상지수-동상)

구분	한국	미국	캐나다
제공기간	12~2월	현 제공하지 않음	상시
예측시간	일주일	확인불가.	현황or 오늘, 내일
단계	5단계	4단계	6단계(색상단계-5단계)
색상	파랑, 초록, 노랑, 주황, 빨강	하늘, 엷은파랑, 파랑, 보라	초록, 노랑, 주황, 다홍, 빨강
등급	낮음, 보통, 주의, 위험, 매우위험	정상, (동상)30분내, 10분내, 5분내	낮음(2), 10~30분내, 5~10분내, 2~5분내, 2분 이내
비고	기온, 바람세기	기온, 바람세기	기온, 바람세기

시사점 : 보건기상지수의 하나인 동상은 우리나라와 미국, 캐나다
　　　　에서 같은 기준과 단계를 이용하고 있다. 다만 미국과 캐
　　　　나다 기상청의 경우 windchill(체감온도) 지수의 등급을
　　　　제시하는데 있어 이를 나누는 기준으로 동상을 제시한다
　　　　는 점에서 우리나라의 체감온도 지수와 보건기상지수의
　　　　동상은 내용과 기준이 비슷하다.

□ 체감온도

〈표3-30〉 국내외사례비교(체감온도)

구분	한국	캐나다	미국
제공기간	10월~4월	상시	현재 제공하지 않음.
예측시간	오늘 내일(+1일)	현황or 오늘,내일	현재 제공하지 않음.
단계	5단계	6단계(색상단계 5단계)	4단계
색상	무색,녹색(4)	초록,노랑,주황,다홍,빨강	하늘, 파랑(2), 보라
등급	낮음,보통,추움 주의,위험	낮음(2),10~30분내,5~10 분내,2~5분내, 2분 이내	정상, 동상30분내, 동상10분내, 동상5분내.

시사점 : 체감온도는 한국과 캐나다 모두 5단계로 나누어 제시하고 있다. 다만 캐나다의 체감온도 지수는 우리나라 보건기상 지수의 동상과 같은 산출법을 이용하고 있다. 예측시간은 우리나라와 캐나다 모두 6시간마다 이다.

□ 열지수

〈표3-31〉 국내외사례비교(열지수)

구분	한국	미국	영국
제공기간	4월~10월	현재 제공하지 않음.	6월~9월15일
예측시간	오늘 내일(6시간 단위) +3~6일(12시간 단위)	예보(6~10일),(8~14일)	(현 확인불가)
단계	5단계	4단계	4단계
색상	하늘,초록,노랑,주황,빨강	노랑, 개나리, 주황, 빨강	상아, 연주황 ,주황, 빨강
등급	안전, 주의, 매우주의, 위험, 매우위험	주의, 매우주의, 위험, 매우위험	주의, 매우주의, 위험, 매우위험

시사점 : 열지수의 경우 우리나라 기상청, 미국과 영국 기상청 모두 같은 기준을 이용한다. 다만 지수단계구분에 있어서 우리 나라의 경우는 5단계, 미국과 영국은 4단계를 이용하고

있다. 기온과 습도에 따라 인간에게 미치는 영향을 준다는 점에서 불쾌지수와 흡사하다. 열지수를 제공하는 미국과 영국에서는 불쾌지수의 사례를 찾을 수 없었다.

□ 불쾌지수

〈표3-32〉 국내외사례비교(불쾌지수)

구분	한국	유럽(이탈리아)
제공기간	4월~10월	현재 제공하지 않음.
예측시간	오늘, 내일(6시간) +3~6일(12시간)	현재 제공하지 않음.
단계	색7단계 지수(6)	6단계
색상	파란(2),초록(3),주황, 빨강	파란(2),노란(2),주황, 빨강
등급	전원쾌적, 불쾌나타냄, 10%불쾌, 50%불쾌, 전원불쾌, 매우불쾌	21이하, 21~24, 25~27, 28~29, 30~32, 32이상

시사점 : 불쾌지수의 경우 현재 서비스를 제공하는 외국의 사례를 찾기 힘들었다. 우리나라에서 제공하는 불쾌지수의 경우 Thom이 만든 불쾌지수 구분을 이용하는데 외국 기상청에서도 이에 대한 정보는 제공하고는 있으나 앞에서 서술했듯이 열지수를 대신 제공하고 있다.

□ 자외선지수(UV Index)

〈표3-33〉 국내외사례비교(자외선지수)

구분	한국	미국	일본	영국
제공기간	상시	상시	상시	상시
예측시간	6시(당일), 18시(내일 예측)	+3일(Day1~4)	+1일	+4일(Day1~5)
단계	5단계	5단계	5단계	5단계

색상	하늘, 초록, 노랑, 주황, 빨강	초록, 노랑(2), 다홍, 빨강	초록군,노랑군,주황군,빨강군,보라군	초록, 노랑, 주황, 빨강, 보라
등급	매우낮음, 낮음, 보통,강함, 매우강함	최소, 낮음, 중간, 높음, 매우높음	색 등급(13단계) 낮음,중간,높음, 매우높음, 최고	번호등급(11단계) 낮음,중간,높음 매우높음, 최고

시사점 : UV의 지수는 우리나라를 포함한 모든 나라의 사례에 있
어 5단계로 등급이 나누어져 있다. 예측시간은 우리나라
의 경우 6시와 18시인데 반해 미국은 12시, 일본은 6시
와 12시에 측정하는 것으로 나타났다.

□ 황사영향지수

〈표3-34〉 국내외사례비교(황사영향지수)

구분	한국	일본
제공기간	3월~5월	상시
예측시간	현황(1시간)	관측치 현황1시간 예측치 +3일(6시간단위)
단계	5단계	관측치-5단계, 예측치-단계구분 없음
색상	초록, 노랑, 주황, 빨강, 밤색	무색, 파랑, 초록, 노랑, 빨강
등급	PM농도(0-150, 150-200, 200-400, 400-800, 800이상)	관측치-시정(2km미만, 2-5, 5-10, 10이상, 없음) 예측치-노랑에서 주황으로 색스펙트럼

시사점 : 황사의 경우는 영향을 받는 나라로는 우리나라와 일본의
사례가 대표적이다. 우리나라 기상청과 일본 기상청 모두
5단계로 나누어 현황을 제시하나 우리나라는 PM농도로,
일본은 가시성으로 5단계를 나눈 것이 차이다. 일본의 경
우는 예보에 있어서는 단계지수를 나누지는 않았지만 역
시 농도를 측정하여 그림으로 제공하고 있다. 우리나라

일본 모두 실시간 제공과 함께 1시간마다 황사의 농도를
측정하고 있다.

□ 산불위험지수

〈표3-35〉 국내외사례비교(산불위험지수)

구분	한국	미국	캐나다
제공기간	2~5월/11~12월	상시	상시
예측시간	오늘,내일(12시,15시,18시, 21시)	오늘, 내일(하루에4번)	현황
단계	4단계	5단계	5단계
색상	파랑, 노랑, 주황, 빨강	녹색, 초록, 노랑, 주황, 빨강	파랑, 초록, 노랑, 분홍, 빨강
등급	낮음,보통, 높음, 매우높음	낮음,보통,높음, 매우높음,최고	낮음,보통,높음, 매우높음, 최고

시사점 : 산불위험지수의 경우 기상청의 4단계, 미국과 캐나다의 경
우 각각 5단계로 비슷한 정도의 단계지수를 가지고 있다.
하지만 각기 지수측정에 이용되는 요소가 달라 (ex 기상청
-지형지수, 임상지수, 기상지수(기온,습도))의 조합, 캐나
다-fine fuel moisture code, duff moisture code,
drought code, initial spread index, buildup index,
fire weather index의 6가지 조합) 서로의 수치비교는
어렵다.

□ 난방도일

<표3-36> 국내외사례비교(난방도일)

구분	한국	미국	미국(냉방도일)
제공기간	10월~4월	11월~3월	5월~9월
예측시간	15시	예측(+6일)	예측(+6일)
단계	단계구분 없음.	9단계	9단계
색상	색상구분 없음.	빨강,주황,노랑(2),흰색,하늘(2),파랑,보라	보라,파랑,하늘(2),흰색,노랑,주황,빨강
등급	등급구분 없음.	주간별, 월별, 시즌별 등급 다름	주간별, 월별, 시즌별 등급 다름

시사점 : 우리나라에서는 아직 난방도일(10월~4월)의 단계별 지수로 제공되지 않으나 미국의 경우는 11월~3월까지 난방도일 지수를 5월~9월까지 난방도일의 상대개념인 냉방도일의 지수 역시 각각 9단계로 나누어 제공하고 있다.

□ 대기오염기상지수

<표3-37> 국내외사례비교(대기오염기상지수)

구분	한국	미국	캐나다
제공기간	상시	상시	상시
예측시간	+42시간(6시간 단위)	+24시간 예측	현황
단계	4단계	5단계	4단계
색상	파랑, 초록, 주황, 빨강	밤색,보라,빨강,주황,노랑,초록	초록, 노랑, 주황, 빨강
등급	좋음, 보통, 나쁨, 위험	좋음, 중간, 민감집단에불건강, 불건강, 매우불건강, 위험	좋음, 보통, 나쁨, 매우나쁨
비고	혼합층 높이,환기지수,강수유무, 역전층유무,지표면과 상층의 바람, 대기안정도 산출	오존, 스모크	오존, 질소산화물, 미세먼지, 황산화물, 일산화탄소

시사점 : 대기오염기상지수의 경우 기상청의 경우 4단계 미국 5단
계, 캐나다 4단계로 비슷한 모습을 띠고 있다. 우리나라
의 경우 대기의 오염과 광화학 스모그에 대한 포괄적 단
계지수를 제공하는데 반해 미국과 캐나다는 각각의 상황
에 대한 지수를 제시하고 이를 다시 색상지수로 나눈다는
데 차이점이 있다.

□ 농업(산업기상지수)[51]

〈표3-38〉 국내외사례비교(산업기상지수-농업)

구분	한 국
제공기간	10월~4월
예측시간	+6일
단계	농업시설(4단계) 농약살포(4단계)
색상	하늘, 초록, 노랑, 주황
등급	농업시설(안전, 나쁨, 주의, 위험) 농약살포(좋음, 보통, 나쁨, 매우나쁨)

시사점 : 농업지수를 비슷한 대부분의 산업지수들이 선진국의 사례
의 경우(영국, 캐나다) 우리나라와 같이 포괄적인 등급으
로 제공하지 않고, 온도, 습도, 등의 각 산업에 따라 맞는
지수들을 각 산업 카테고리 안에서 제시하는 형태로 서비
스가 제공되고 있다. 산업의 경우 포괄적 등급으로 제시

51) Stahle DW, Cook ER, Burnette DJ, Villanueva J, Cerano J, Burns JN,
Griffin D, Cook BI, Acuna R, Torbenson MCA, Szejner P, Howard
IM (2016) The Mexican drought atlas: tree-ring reconstructions of
the soil moisture balance during the late pre-Hispanic, colonial,
and modern eras. Quatern Sci Rev 149:34-60.

되는 것이 보기는 용이하나 다양한 상황적 판단을 요구하는 산업의 특성상 오히려 애매함을 가져올 수도 있을 것 같다.

□ 교통지수(산업기상지수)

〈표3-39〉 국내외사례비교(산업기상지수-교통)

구분	한국	캐나다(육상교통)	일본(해상교통)
제공기간	상시	상시	상시
예측시간	+6일	현황	-
단계	해상교통(4단계) 육상교통(4단계)	가시거리(3단계) 도로표면(6단계)	7단계
색상	하늘,초록, 노랑,주황	가시거리(초록,빨강,회색) 도로표면(초록,하늘,흰,보 라,빨강,검정)	빨강,보라, 노랑,초록, 모양(파도,얼음,눈)
등급	좋음,보통,주의,위험		

시사점 : 역시 평균파고와, 평균풍속의 조합으로 등급을 나눈 우리나라의 해상교통의 경우와는 다르게, 일본은 바람의 상태에 따라(4가지 등급으로 나누고), 파도, 착빙, 안개에 대한 정보를 제공하고 있다. 또한 강수량과 신적설의 조합으로 등급을 제시하는 우리나라 육상교통지수와는 다르게 캐나다는 가시거리에 따라 3등급으로 나누고, 도로표면의 상태(양호, 눈, 미끄러움, 진입금지, 부분적 차폐, 자료없음)를 표시하였다.

□ 파머가뭄지수[52]

<표3-40> 국내외사례비교(파머가뭄지수)

구분	기상청	미국
제공기간	상시	상시
예측시간	현황	예측치 제공하지 않음. 관측치만 제공 1주(3주간),1달(1년간)
단계	7단계	7단계
색상	파랑(2), 초록(2), 노랑, 주황, 빨강	초록(3), 무색, 노랑(2), 주황
등급	매우습함, 습함, 다소습함, 정상, 가뭄시작, 가뭄, 매우가뭄	Excessively wet, Too wet, Favorable but too wet in some spots, Favorable moist, Near normal, Abnormal dry, Too dry, Extremely dry, severely dry

2. 국내외 지수단계 상세비교

□ 보건기상지수 비교

기상조건에 따른 천식, 뇌졸중, 동상, 피부질환, 폐질환 등의 영향 정도를 위험도 영향에 따라 3단계로 제공하고 있으며 영국의 경우 열파의 영향에 대해 4단계로 등급을 나누어, 캐나다의 경우 감기와 독감에 대한 위험도를 4단계로 나누어 제시하고 있다.

---

52) Cook BI, Palmer JG, Cook ER, Turney CSM, Allen K, Fenwick P, O'Donnell A, Lough JM, Grierson PF, Ho M, Baker PJ (2016) The paleoclimate context and future trajectory of extreme summer hydroclimate in eastern Australia. J Geophys Res Atmos 121(21):12820-12838.

〈표3-41〉 국내외사례 단계구분표 (보건기상지수 비교)

한국(동상)	영국(eatwave threshold)
5단계	4단계
낮음(체감온도 -10도 이상)	level 1 여름준비 & 장기계획(열파위험50%↓)
보통(-25~-10)	level 2 경계와 대기(열파위험80%)
주의(-45~-25)	level 3 열파 영향
위험(-60~-45)	level 4 긴급
매우위험(-60~)	

한국(천식·뇌졸중·피부질환·폐질환)	캐나다(Cold & Flu Activity)
3단계	4단계
보통(입원발생률 0~50%)	Low (5% 인구 감기걸림)
주의(51~85%)	Moderate (5~10%)
위험(86~100%)	High (10~15%)
	Very High (15%~)

한국	미국(NOAA)
5단계	4단계(바람과 온도이용-동상과 관련)
낮음 체감온도 -10	체감온도 36~-17
보통 체감온도 -10~-25	체감온도 -18~-31(-52) : 30분 내로 동상
주의 체감온도 -25~-45	체감온도 -32~-47(-72) : 10분 내로 동상
위험 체감온도 -46~-60	체감온도 -48~-98 : 5분 내로 동상
매우위험 체감온도 -60	

□ 열지수(Heat Index) 비교

열지수는 습도와 기온이 복합되어 사람이 실제로 느끼는 더위를 지수화한 것으로 즉, 똑같은 기온이라도 습도에 따라 지수가 달라질 수 있다.

〈표3-42〉 국내외사례 단계구분표 (열지수 비교)

한국	영국(민간회사)
5단계(사실상 수준단계 같음)	4단계
매우위험(54℃이상)	매우위험(54℃이상)
위험(41~54℃)	위험(41~54℃)
매우주의(32~41℃)	매우주의(32~41℃)
주의(27~32℃)	주의(27~32℃)
안전(27℃이하)	

한국	미국(NOAA)
5단계(사실상 수준단계 같음)	4단계
매우위험(54℃이상)	130℉≒54℃
위험(41~54℃)	105-130℉≒(41~54℃)
매우주의(32~41℃)	90-105℉≒(32~41℃)
주의(27~32℃)	90℉이하≒32℃이하
안전(27℃이하)	

□ UV지수 비교

자외선지수는 태양고도가 최대인 남중시각(南中時刻)때 지표에 도달하는 자외선 B(UV-B)영역의 복사량을 지수식으로 환산한 것이다.[53]

〈표3-43〉 국내외사례 단계구분표 (자외선지수 비교)

한국	미국(NOAA)
5단계- 같은 지수사용, 조금 차이 있으나 비슷한 단계수준	
9.0이상	Very High-아주 높음(10+)
7.0~8.9	High-높음(7, 8, 9)
5.0~6.9	Moderate-중간(5, 6)
3.0~4.9	Low-낮음(3, 4)
0.0~2.9	Minimal-최소(0, 1, 2)

한국	일본
5단계- 같은 지수사용, 조금 차이 있으나 비슷한 단계수준(한국, 미국, 일본 다 다름.)	
9.0이상	Extreme-최고(11, 12, 13)
7.0~8.9	Very High-매우높음(8, 9, 10)
5.0~6.9	High-높음(6, 7, 8)
3.0~4.9	Moderate-중간(3, 4, 5)
0.0~2.9	Low-낮음(0, 1, 2)

한국	미국(민간기업)
5단계 같은 지수사용, 조금 차이 있으나 비슷한 단계수준	
9.0이상	Extreme-최고(11)
7.0~8.9	Very High-매우높음(8, 9, 10)
5.0~6.9	High-높음(6, 7)
3.0~4.9	Medium-중간(3, 4, 5)
0.0~2.9	Low-낮음(1, 2)

53) Roman, Emma (2024). The Diurnal Fluctuations and Effects of UV on Escherichia coli in Jackson, WY Recreational Streams. Middlebury. Thesis. https://hdl.handle.net/10779/middlebury.26049946.v1

□ 황사영향지수

〈표3-44〉 국내외사례 단계구분표 (황사영향지수 비교)

한국	일본
5단계-PM10 농도에 따라 나눔	5단계-가시거리에 따라 나눔
Green	Not-reported
Yellow	10 or more(km)
Orange	5~10km
Red	2~5km
Maroon	Less than 2km

황사발생 시 PM10 농도에 따라 수송, 농업, 축산업, 전산산업, 건설업에 미치는 영향을 지수로 나타낸 것으로 일본의 경우엔 가시거리 정도에 따라 5단계로 등급을 나누고 있다.

□ 불쾌지수54)

불쾌지수(discomfort index, DI)는 Thom(1957)이 제창한 것으로서 기온과 습도의 조합으로 구성되어 있으며 일반적으로 온습도지수라고도 한다.

〈표3-45〉 국내외사례 단계구분표 (불쾌지수 비교)

한국	유럽(민간)
6단계-같은 Thom의 불쾌지수 사용, 단계수치는 조금 다름.	
DI(86)-30℃ : 매우불쾌	over 32℃ : 강한 불쾌
DI(83)-28.5℃ : 전원불쾌	30~32℃ : 모든 인구 불쾌
DI(80)-26.5℃ : 50% 정도 불쾌	28~29℃ : 대부분의 인구 불쾌
DI(75)-24℃ : 10% 정도 불쾌	25~27℃ : 50% 이상 인구 불쾌
DI(70)-21℃ : 불쾌나타냄	21~24℃ : 50% 이하 인구 불쾌
DI(68이하)-20℃이하 : 전원쾌적	up to 21℃ : 불쾌 없음

---

54) Commission Internationale de l'Eclairage. Guidelines for Minimizing Sky Glow CIE 126:1997. Vienna: CIE, 1997.

□ 체감온도

체감온도는 외부에 있는 사람이나 동물이 바람과 한기에 노출된 피부로부터 열을 빼앗길 때 느끼는 추운 정도를 나타내는 지수이다.

〈표3-46〉 국내외사례 단계구분표 (체감온도 비교)

한국	캐나다(민간사업자)
5단계	5단계
낮음(10℃~-10℃)	Low(0℃~-9℃)
보통(-10℃~-25℃)	Moderate(-10℃~-24℃)
추움(-25℃~-45℃)	Cold(-25℃~-44℃)
주의(-45℃~-59℃)	Extreme(-45℃~-59℃)
위험(-60℃)	Danger(-60℃)

□ 산불위험지수

2004년 11월 1일부터 산림청과 공동으로 지형지수(고도, 방위), 임상지수(침엽수, 활엽수, 혼효림), 기상지수(기온, 습도)를 종합하여 4단계의 위험등급으로 값을 제공하고 있다. 캐나다의 경우 가연물 함수량과 화재성상을 계산하여 5단계, 미국은 화재성상을 계산하여 5단계로 나누어 등급을 제시하고 있다.

〈표3-47〉 국내외사례 단계구분표 (산불위험지수 비교)

한국	캐나다
4단계-고도, 방위, 임상지수, 기온, 습도 종합	5단계-가연물 함수량과 화재성상 계산
86이상(86이상이 70%이상)-매우높음	Extreme-91+
66~86(66이상이 70%이상)-높음	Very High-61~90
51~66(51이상이 70%이상)-보통	High-41~60
51미만-낮음	Moderate-21~40
	Low-0~20

한국	미국
4단계-고도, 방위, 임상지수, 기온, 습도 종합	5단계-화재성상(Fire Behavior)으로 측정
86이상(86이상이 70%이상)-매우높음	Extreme
66~86(66이상이 70%이상)-높음	Very High
51~66(51이상이 70%이상)-보통	High
51미만-낮음	Moderate
	Low

□ 난방도일

난방도일이란 일년 중 일평균기온이 18℃ 이하의 날만 골라 기준이 되는 18℃의 기온에서 그날의 일평균 기온을 뺀 값을 일정기간 적산시킨 값을 말한다. 이 개념은 일반적으로 일평균기온이 18℃ 이하가 되면 사람들이 난방을 시작한다는 개념에서 출발하였다.

〈표3-48〉 국내외사례 단계구분표 (난방도일 비교)

한국	미국
색 스펙트럼으로 구분 but 단계구분 미흡	9단계-한국과 같은 기준사용하나 단계화
	〉400
	300~400
	250~300
	200~250
	150~200
	100~150
	50~100
	25~50
	〈25

□ 대기오염지수

대기오염 기상지수란 대기 중 오염물질이 고농도 오염상태를 일으킬 가능성이 있거나 광화학 스모그 발생 가능성이 있는 대기상태 및 이와 관련 있는 각 종 기상요소의 변화에 대한 오염 가능성 예보를 말한다.

〈표3-49〉국내외사례 단계구분표 (대기오염지수 비교)

한국	미국(AQI Index)
4단계-혼합층높이, 환기지수, 강수유무, 역전층유무, 지표면과 상층의 바람, 대기안정도 종합	5단계-지표오존, 미세먼지, 일산화탄소, 황산화물, 질소산화물로 0~500으로 측정
위험(7) 외부활동 자제	Hazardous(Maroon)
	Very Unhealthy(Purple)
나쁨(6) 노약자 등 외부활동 자제	Unhealthy(Red)
보통(3-5) 민감한 사람 출입삼가	Unhealthy for Sensitive Group(Orange)
	Moderate(Yellow)
좋음(0-2) 위험성 없음	Good(Green)

□ 농업

기상상황에 따른 농약살포 및 농업시설관리를 위한 적절성을 단계별로 제공한다. 미국의 경우 가뭄지수와 작물수분지수를 통해 농업에 주는 영향을 측정한다.

〈표3-50〉국내외사례 단계구분표 (산업기상지수-농업 비교)

한국	미국(가뭄지수)
	5단계(파머지수, CPC토양수분모델, 가뭄지표혼합, 표준화된강수지수, 하천수량)
	비정상적 건조
	(가뭄)Moderate
	(가뭄)Severe
	(가뭄)Extreme
	(가뭄)Exceptional

한국(농업시설)	미국(작물수분지수)
4단계-최대풍속, 강수량, 신적설 종합	9단계
안전	과도한 수분, 조금의 홍수
나쁨	많은 수분, 고인물
주의	알맞으나 몇몇 장소는 많은 수분
위험	알맞은 습기
	거의 정상
	이상하게 건조
	많이 건조, 수확전망 악화
	매우 건조
	심각하게 건조, 수확피해

□ 축산업

황사 및 강우 등의 기상상황에 따른 우유생산, 계란생산 등을 위한 적절성 및 관리권고안 제공하며 미국의 사례의 경우 소의 열스트레스에 따른 영향을 제시하고 있다.

〈표3-51〉 국내외사례 단계구분표 (산업기상지수-축산업 비교)

한국(우유생산, 계란생산)	미국(낙농 소의 열스트레스)
3단계	4단계
좋음	특성 없음
보통	가벼운 스트레스
나쁨	중간 스트레스
	심한스트레스

□ 교통지수

기상상태에 따른 해상 및 육상교통의 안전 적절성을 제공하며 캐나다의 경우 가시정도와 도로표면에 대한 정보를 제공하고 있다.

<표3-52> 국내외사례 단계구분표 (산업기상지수-교통 비교)

한국(해상교통, 육상교통)	캐나다(교통지수)	
4단계	3단계-가시정도	6단계-도로표면(색구분)
좋음	좋음	좋음
보통	나쁨	부분적 덮임
주의	불가능	눈 덮임
위험		미끄러운 구간
		폐쇄구간
		데이터 없음

□ 강수량현황

일정 기간의 누적강수량을 지역별로 제공한다.

<표3-53> 국내외사례 단계구분표 (강수량현황 비교)

한국	호주
10단계(누적개월 수 마다 차이)	12단계(누적개월 수 마다 차이)

□ 강수량 십분위

단기간의 가뭄현상을 분석하기 위해 제공한다. 강수량 십분위는 일
정기간 동안 누적강수량을 최근 과거의 같은 기간의 강수량과 비교
하여 적은 것부터 10% 간격으로 제공.

<표3-54> 국내외사례 단계구분표 (강수량십분위 비교)

한국	호주
10단계(같은 정의와 계산법)	7단계(같은 정의와 계산법)
	Highest on Record
10	Very much above average(10)
9	Above average(8-9)
8	
7	Average(4-7)
6	
5	
4	
3	Below Average(2-3)
2	
1	Very much Below Average(1)
	Lowest on Record

제4장 기후 기상 정보 활용 증진을 위한 논의

제1절 기후 기상 정보의 공공성과 시장성

기후 및 기상 정보는 의사결정을 지원하는 고도로 가공된 지적 정보이다. 그리고 이러한 정보를 가공하기 위해선 위성 영상의 분석 판독 등 공공성을 지닌 대규모의 시설, 인프라, 인력이 투입되어야만 생산이 가능하므로 대부분의 국가에서 공공 및 정부 부문이 담당하고 있고, 상업화가 이루어진 부문은 일부 국가에서 초기 생산 이후의 가공 유통 단계 및 응용 분야가 민간 부분에서 더 특화되어 있다.

1. 일반재화 정보 서비스 재화의 생산[55]

1) 정보 재화와 일반 재화간 차이점[56]

공공재로서의 정보가 갖는 첫 번째 차이점은 비배재성이다. 일반 재화는 해당 비용을 지불하지 않고는 소비할 수 없고, 다른 한 사람이 소비하게 되면 그만큼 다음 사람이 소비할 양이 줄어드는 반면, 정보 재화는 공공재적인 성격을 갖는다. 공공재는 소비에 있어서의 비경합성(nonrivalness in consumption)[57]과 배제불가능성(nonexcludability)[58]

55) Svensson, Lars E. O. "Social value of public information: Comment: Morris and shin (2002) is actually pro-transparency, not con." American Economic Review 96.1 (2006): 448-452.
56) Schiller, Dan. How to think about information. University of Illinois Press, 2024.
57) Jones, Charles I., and Christopher Tonetti. "Nonrivalry and the Economics of Data." American Economic Review 110.9 (2020): 2819-2858.
58) Dempsey, Gillian. "Revisiting intellectual property policy:

을 갖는 재화를 말한다.59) 비경합성60)이란, 공공재가 공급된 후 추가적인 사람이 공공재를 소비하는데 드는 한계비용이 '0'인 경우를 의미하며61), 배제불가능성은 공공재에 대한 대가를 지불하지 않아도 공공재를 소비하는 것으로부터 배제할 수 없는 것을 말한다.62) 정보는 일단 공개될 경우, 누구나 아무런 추가 비용을 들이지 않고 소비할 수 있기 때문에, 공공재적 특성을 지닌다고 할 수 있다.63)

둘째, 전달속도 면의 차이가 있는데, 일반 재화의 경우, 생산되어 소비자에게 전달되는 속도가 짧게는 수일에서 길게는 수개월에 이르지만, 정보의 경우 일단 만들어지면 눈, 인터넷 등의 채널을 통해 한 순간에 많은 양이 진달될 수 있다.64)

셋째, 소유권의 특성에서도 차이점이 있는데, 일반 재화는 소비와 동시에 해당 재화에 대한 소유권이 확립되나, 정보 재화는 일반적 의

information economics for the information age." Prometheus 17.1 (1999): 33-40.
59) Raban, Daphne R., and Julia Włodarczyk. "Information economics examined through scarcity and abundance." The Elgar Companion to Information Economics. Edward Elgar Publishing, 2024. 2-19.
60) Olleros, F. Xavier. "Antirival goods, network effects and the sharing economy." Published in: First Monday 23.2 (2018).
61) Koski, Heli. Does marginal cost pricing of public sector information spur firm growth?. No. 1260. ETLA Discussion Papers, 2011.
62) Farley, Joshua, and Ida Kubiszewski. "The economics of information in a post-carbon economy." Free Knowledge: Confronting the Commodification of Human Discovery (2015): 199-222.
63) Alchian, Armen A., and Harold Demsetz. "Production, information costs, and economic organization." The American economic review 62.5 (1972): 777-795.
64) Shonhe, Liah. "A literature review of information dissemination techniques in the 21st century era." Library Philosophy and Practice (e-journal) 1731 (2017).

미의 소유권을 설정하기란 어려워서 출판물이나 예술작품 등과 마찬가지로, 지적재산권이라는 개념을 통해 소유권을 확립하고 있다.

네 번째의 차이점은 비대칭성이다.65) 정보의 비대칭성이란, 거래의 어느 한쪽이 다른 쪽보다 우월한 정보를 가지고 있는 경우를 말한다.66) 정보재의 경우, 이러한 비대칭성이 일반 재화보다 더 크게 나타난다.

다섯째는 시장규모의 확장가능성이 매우 크다. 한꺼번에 많은 양을 신속하게 유포 및 전달할 수 있고, 거래비용이 크게 줄어들어 누구나 저렴한 비용으로 정보에 접근할 수 있다.67) 그러므로 정보시장의 규모는 일반 재화보다 훨씬 빠르고 쉽게 확장될 수 있다(Arrow 1984).

여섯 번째로는 높은 고정비용과 낮은 한계비용을 들 수 있다. 정보재는 최초 생산에는 많은 비용이 소요되지만, 재생산에는 거의 비용이 들지 않는다는 특성을 가진다68). 정보재는 생산비 측면에서 높은 고정비용과 낮은 한계비용을 요구한다. 기상 기후 정보는 전형적으로 이러한 특성에 부합하는 경우이다.

---

65) Stiglitz, Joseph E., and Andrew Kosenko. "Robust theory and fragile practice: Information in a world of disinformation Part 1: Indirect communication." The Elgar Companion to Information Economics. Edward Elgar Publishing, 2024. 20-52.
66) Hillier, Brian. The economics of asymmetric information. Bloomsbury Publishing, 1997.
67) Lacity, Mary C., Leslie P. Willcocks, and Shaji Khan. "Beyond transaction cost economics: towards an endogenous theory of information technology outsourcing." The Journal of Strategic Information Systems 20.2 (2011): 139-157.
68) Włodarczyk, Julia. "Information and income distribution: The perspective of information economics." The Elgar Companion to Information Economics. Edward Elgar Publishing, 2024. 81-104.

2) 일반 재화와 정보 재화의 공통점

이러한 차별성에도 불구하고, 양자간에는 공통점도 발견되는데, 이를 다음과 같이 세 가지로 정리 할 수 있다.[69]

첫째, 경제학에서 말하는 고유의 생산함수를 갖는 점이다. 생산함수(production function)란, 생산과정에 투입하는 여러 가지 생산요소의 수량과 그 결합으로부터 얻을 수 있는 최대산출량과의 기술적 관계를 말한다.

둘째, 규모의 경제의 존재이다(Allen 1990; 1984). 일반적으로 대부분의 산업은 일정 생산 규모 이상에서는 단위당 생산비가 증가하게 된다. 이에 비하여 대량으로 재화를 생산하게 되는 경우, 단위 당 생산비가 줄어드는 규모의 경제(economies of scale)가 발생하는데, 정보시장에도 규모의 경제가 나타난다.

셋째, 특화된 시장이 존재한다는 점이다. 정보시장의 경우, 컨텐츠를 생산하는데 드는 초기비용이 막대하기 때문에, 초기 생산 이후 다양한 컨텐츠로 가공 판매 유통하는 것이 가능하며, 일반 재화보다 이 특성은 더 강할 수 있다.

2. 공공정보와 사적 정보와의 차이

일반적으로 공공정보는 공공부문이 생산하고 보급하는 정보라고 할 수 있다. 공공정보는 공신력, 시장성, 선택적 공급가능성, 확률성이 측면에서 다음과 같은 차이를 가진을 제시할 수 있다.

---

69) Raban, Daphne R., and Julia Włodarczyk. "Information economics examined through scarcity and abundance." The Elgar Companion to Information Economics. Edward Elgar Publishing, 2024. 2-19.

구 분	공공 정보	민간(사적) 정보
공신력	공신력은 있으나, 이것이 경제적 이득으로 연결되지는 않음.	공신력이 사적정보를 소유하고 있는 기관의 경제적 이득과 연결되기 때문에, 공신력을 얻는 일이 중요함.
시장성	일반적으로 시장성이 적음.	일반적으로 시장성이 큼.
선택적 공급가능성	일반적으로 적음.	일반적으로 큼.
확률성	확률적인 정보는 공급하지 않음. (기상정보는 예외)	확률적인 정보를 공급하기도 함.

위의 표에서 보는 것처럼, 공공부문 정보는 민간 정보에 비해 높은 신뢰성을 가지지만, 그러한 공신력이 정보 소유자에게 경제적 이득을 보장하지는 않는다. 또한 공공 정보는 대부분 무상으로 공급된다. 반면, 민간 정보는 일반적으로 공신력을 갖기가 어렵지만, 일단 공신력을 얻게 되면 이것이 곧 정보소유자에게 상당한 경제적 이득을 얻는 것에 인과적 연결을 주기 때문에, 사적정보 소유자는 해당 정보에 대한 공신력을 가지기 위해 노력하기도 한다. 공신력과 달리, 시장성은 공공 정보보다 민간 정보가 크다고 할 수 있다. 민간 정보는 정보의 판매를 통해 이윤을 얻는 것이 목적이기 때문에 일반 재화와 마찬가지로 높은 시장성을 갖는다. 이처럼 생산 단계에서 시장성을 고려해야 하는 민간 정보의 경우, 상대적으로 시장성 낮은 정보에 대해서는 정보 소유자가 임의로 공급하지 않을 수도 있다. 민간 정보와 달리, 공공 정보는 이윤추구가 아닌 일반 대중에게 널리 알리는 것이 주요한 목적이기 때문에, 정보를 선택적으로 공급할 수 없다.

높은 신뢰 기반을 갖는 공공 부문 생산 정보는 일반적으로 확률적인 정보를 제공하지 않는다. 만약 정부기관이 관련 정보를 확률로

---

70) 김준모 행정 정보서비스의 상업화 가능성과 한계 (한국행정연구원 2002)
김준모 권성미, 정준현, 황주성. 공공정보 유통 및이용활성화 방안 연구. 정보통신정책연구원 2009.

제시한다면, 공공 정보에 대한 신뢰도는 크게 감소할 것이기 때문이다. 물론, 정부에서 제공하는 날씨 관련 정보는 예외이다. 다음 시기에 강수 여부와 강수량, 집중 정도 등은 확률 외에는 표현할 방법이 없기 때문이다. 반면, 사적 정보의 경우 많은 정보를 확률로 제시한다. 주식, 유가 증권, 선물 시장 등이 대표적인 예라 할 수 있다.

위에서 논의된 내용을 중심으로 하여, 본 장에서는 선택적 공급가능성과 시장성의 유무를 축으로 하여, 공공 정보의 영역과 사적 정보의 영역을 표출해 볼 수 있다.

〈그림 4-1〉 공공 정보와 사적 정보의 영역[71]

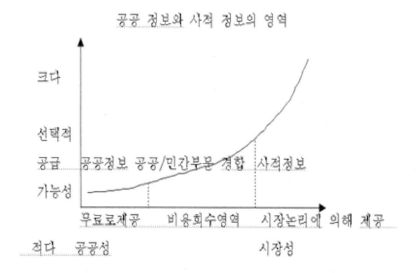

71) 김준모 행정 정보서비스의 상업화 가능성과 한계 (한국행정연구원 2002)

공공 정보는 선택적 공급가능성은 작고 공공성을 띠는 정보이기 때문에, 무료 제공이 원칙인 반면, 선택적 공급이 가능하고, 시장성이 높은 민간 부문 정보의 경우, 수익자 부담원칙 등과 같은 시장 논리에 의해 정보를 제공하는 것이 고려될 수 있다. 한편, 어느 정도 선택적으로 공급 가능성이 있으면서, 공공성과 시장성이 혼재된 정보의 경우, 공공부문과 민간부문이 모두 정보 제공주체가 될 수 있으며, 이는 정보시장에서 민간과 공공 부문간의 경쟁이나 경합으로 나타날 수도 있는데, 이 영역을 가리켜 비용회수영역이라 하며, 정보를 저렴한 비용으로 제공할 수 있다.

제 2 절 기후 기상 정보의 원활한 유통

위의 논의를 바탕으로 하여 기후 기상 정보가 더 잘 유통 활용되도록 하기 위한 방안을 모색할 수 있다.

1. 정교한 활용 방안의 축적

기후 기상 정보는 과학계, 산업계, 그 외의 다른 실무 분야에서 활용되는 고도로 가공된 정보이다. 반면, 이들 정보의 활용이 생산에 투여된 노력에 비례하여 이루어 지는지에 대해선 논란의 여지가 있을 수 있겠으나, 높지 않을 것이란 추정을 할 수 있다.

따라서 앞으로의 기후 변화의 시대에 보다 더 기후 기상 정보가 잘 활용되기 위해서는 보다 정교화된 활용 방안을 과학계, 정부 부문,

산업계에서 제시해 주고, 사용자 그룹과 생산자 그룹간에도 보다 긴밀한 협의가 필요하다.

2. 세분화된 지역 구획화

기후 기상 정보는 움직이는 데이터에 대한 연구 및 학문 분야이다. 그러나 지구상의 인류 입장에서는 이 정보가 적용되는 땅이란 위치 특화적 정보일 때에 의미가 명확해진다. 이는 보다 세분화된 그리드 망 속에서 기후 기상 정보가 여하히 적용되는지에 대한 효능성을 기상 당국과 학계, 그리고 기상 산업계가 보여 주는 것이 필요하다.

3. 유통 단계 지연의 해소

기후 기상 정보 중 시한성이 큰 정보일수록 유통 방법과 단계의 문제가 활용 가치를 크게 제약할 수 있다. 이것은 마치 유통 시한이 몇 시간 안 남은 재화를 구입하여 손에 가지고 있는 상황과 유사하다. 유통 단계의 단순화도 필요하다. 즉 생사 단계에서 바로 최종 소비자로 가는 채널의 중요성에 주목할 필요가 있고, 중간에 방송, 포털 그 외의 어떤 플랫폼을 거치는 단계에서의 시간의 손실을 줄이는 것이 급선무라 할 수 있다.

기상 정보의 경우, 이 단계에서의 변화에 그동안 성공적이지 못했다고 평가하는 것이 타당할 것이다. 즉, 전달의 이해도 증진과 완성도 제고 보다 신속한 전파와 활용, 그리고 환류에 의한 수정과 재전파가 오히려 기후 기상 정보의 효용성을 제고할 수 있는 방법이 될 것이다.

제5장 결론

이전 책 산성비의 활용과 지역개발을 통하여 저자는 산성비가 우리가 반드시 재활용해야 하는 자원임을 적시하였다. 지난 책에서는 주요 선진국들의 제조업 부문 주요 배출가스의 트렌드를 분석하였고, EU 국가들의 데이터를 활용한 추가적인 분석을 제시하였다.

이에 비교하여 이번 책에서는 데이터 분석의 범위를 농업 부문의 배출가스에 집중하여 분석하였다. 국가들의 범위는 주요 선진국, G20 국가들을 구분하고, 몇 개별 국가 사례들도 제시해 보았다. 제조업 부문과 농업 부문의 배출 가스 트렌드에서는 일부분은 중첩되었으되, 농업 부문이 주는 차이점도 도출되었다.

이 책 이후의 저술에서는 이러한 논의들의 연장선상에서 보다 농업 특화된 데이터 분석을 시도해 볼 예정이다. 아무쪼록 이 책에서의 분석 내용들이 연구와 실무계에서 모두 긴요히 활용되기를 기대해 본다.

〈참고문헌〉

● 국내문헌

김준모. 산성비의 활용과 지역개발. 지식나무 2024

김준모. 행정 정보 상업화의 가능성과 한계 한국행정연구원

김준모 권성미, 정준현, 황주성. 공공정보 유통 및 이용 활성화 방안 연구. 정보통신정책연구원 2009.

● 국외문헌

Abboushi, B., and N. Miller. "What to Measure and Report in Studies of Discomfort from Glare for Pedestrian Applications." *Lighting Research & Technology*, vol. 56, no. 3, 2024, pp. 250-259.

Agbenyo, Wonder, et al. "Does Weather Index-Based Insurance Adoption Influence Cocoa Output? An Endogenous Switch Regression Approach." *Climate and Development*, vol. 16, no. 1, 2024, pp. 77-86.

Agostino, Mariarosaria. "Extreme Weather Events and Firms' Energy Practices: The Role of Country Governance." *Energy Policy*, vol. 192, 2024, p. 114-235.

Ahn, Yoonjung. "Disparities of Compound Exposure of Particulate Matter (PM2.5) and Heat Index Using Citywide Monitoring Networks." *Sustainable Cities and Society*, 2024, p. 105626.

Alchian, Armen A., and Harold Demsetz. "Production, Information Costs, and Economic Organization." *The American*

Economic Review, vol. 62, no. 5, 1972, pp. 777-795.

Allen, KJ, et al. "Preliminary December-January Inflow and Streamflow Reconstructions from Tree Rings for Western Tasmania, Southeastern Australia." *Water Resources Research*, vol. 51, no. 7, 2015, pp. 5487-5503.

Amekudzi-Kennedy, Adjo, et al. "Developing Transportation Resilience Adaptively to Climate Change." *Transportation Research Record*, vol. 2678, no. 4, 2024, pp. 835-848.

Amiranashvili, Avtandil, et al. "Holiday Climate Index in Kvemo Kartli (Georgia)." *Georgian Geographical Journal*, vol. 4, no. 1, 2024, pp. 35-46.

Bell, AR, et al. "Paleoclimate Histories Improve Access and Sustainability in Index Insurance Programs." *Global Environmental Change*, vol. 23, no. 4, 2013, pp. 774-781.

Blarquez, O., et al. "paleofire: An R Package to Analyse Sedimentary Charcoal Records from the Global Charcoal Database to Reconstruct Past Biomass Burning." *Computers & Geosciences*, vol. 72, 2014, pp. 255-261.

Boudreault, Jeremie, et al. "Revisiting the Importance of Temperature, Weather, and Air Pollution Variables in Heat-Mortality Relationships with Machine Learning." *Environmental Science and Pollution Research*, vol. 31, no. 9, 2024, pp. 14059-14070.

Brimicombe, Chloe, et al. "A Scoping Review on Heat Indices Used to Measure the Effects of Heat on Maternal and Perinatal Health." *BMJ Public Health*, vol. 2, no. 1, 2024.

Burnette, DJ. "The Tree-Ring Drought Atlas Portal: Gridded

Drought Reconstructions for the Past 500-2,000 Years." *Bulletin of the American Meteorological Society*, vol. 102, no. 10, 2021, pp. 953-956.

Chehrassan, Mohammadreza, et al. "The role of environmental and seasonal factors in spine deep surgical site infection: the air pollution, a factor that may be underestimated." European Spine Journal (2024): 1-6.

Cho, Xuan-Xian, Sin-Ban Ho, and Chuie-Hong Tan. "Improving Asthma Treatment Adherence by Integrating Weather Information with Responsive Web Technique." AIP Conference Proceedings, vol. 3153, no. 1, AIP Publishing, 2024.

Choi, E., et al. "Comparative Analysis of Thermal Indices for Modeling Cold and Heat Stress in US Dairy Systems." Journal of Dairy Science, 2024.

CSIRO, Bureau of Meteorology. Climate Change in Australia Information for Australia's Natural Resource Management Regions: Technical Report. CSIRO and Bureau of Meteorology, Australia, 2015, p. 216.

Commission Internationale de l'Eclairage. Discomfort Caused by Glare from Luminaires with a Non-Uniform Source Luminance CIE 232:2019. Vienna: CIE, 2019.

Commission Internationale de l'Eclairage. Guidelines for Minimizing Sky Glow CIE 126:1997. Vienna: CIE, 1997.

Coats, S., et al. "Megadroughts in Southwestern North America in ECHO-G Millennial Simulations and Their Comparison to Proxy Drought Reconstructions." Journal of Climate, vol. 26, no. 19, 2013, pp.7635-7649.

Cook, B. I., et al. "Megadroughts in the Common Era and the Anthropocene." Nature Reviews Earth & Environment, vol. 3, no. 11, 2022, pp. 741-757.

Cook, B. I., et al. "The Paleoclimate Context and Future Trajectory of Extreme Summer Hydroclimate in Eastern Australia." Journal of Geophysical Research: Atmospheres, vol. 121, no. 21, 2016, pp.12820-12838.

Cook, B. I., et al. "Cold Tropical Pacific Sea Surface Temperatures during the Late Sixteenth-Century North American Megadrought." Journal of Geophysical Research: Atmospheres, vol. 123, no. 20, 2018, pp. 11307-11320.

Cook, E. R., et al. "Asian Monsoon Failure and Megadrought during the Last Millennium." Science, vol. 328, no. 5977, 2010, pp. 486-489.

Cook, E. R., et al. "Drought Reconstructions for the Continental United States." Journal of Climate, vol. 12, no. 4, 1999, pp. 1145-1162.

Cook, E. R., et al. "Old World Megadroughts and Pluvials during the Common Era." Science Advances, vol. 1, no. 10, 2015, p. e1500561.

Cook, E. R., et al. "The European Russia Drought Atlas (1400-2016 CE)." Climate Dynamics, vol. 54, no. 3-4, 2020, pp. 2317-2335.

Dempsey, Gillian. "Revisiting Intellectual Property Policy: Information Economics for the Information Age." Prometheus, vol. 17, no. 1, 1999, pp. 33-40.

Dong, Feng, et al. "Extreme Weather, Policy Uncertainty, and Risk Spillovers between Energy, Financial, and Carbon Markets." Energy Economics, 2024, p. 107761.

Farley, Joshua, and Ida Kubiszewski. "The Economics of Information in a Post-Carbon Economy." Free Knowledge: Confronting the Commodification of Human Discovery, 2015, pp. 199-222.

Freund, M., et al. "Multi-Century Cool- and Warm-Season Rainfall Reconstructions for Australia's Major Climatic Regions." Climate of the Past, vol. 13, no. 12, 2017, pp. 1751-1770.

Gallant, A. J. E., and J. Gergis. "An Experimental Streamflow Reconstruction for the River Murray, Australia, 1783-1988." Water Resources Research, vol. 47, no. 12, 2011,

Gandini, S. F. Sera, M. S. Cattaruzza, P. Pasquini, O. Picconi, P. Boyle, et al. "Meta-Analysis of Risk Factors for Cutaneous Melanoma: II. Sun Exposure." European Journal of Cancer, vol. 41, 2005, pp. 45-60.

Garbe, C., et al. "Epidemiology of Cutaneous Melanoma and Keratinocyte Cancer in White Populations 1943-2036." European Journal of Cancer, vol. 152, 2021, pp. 18-25.

Garbe, C., et al. "Skin Cancers Are the Most Frequent Cancers in Fair-Skinned Populations, but We Can Prevent Them." European Journal of Cancer, vol. 204, 2024.

Getis, A., and J. K. Ord. "The Analysis of Spatial Association by Use of Distance Statistics." Geographical Analysis, vol. 24, 1992, pp. 189-206.

Goldstein, Joshua R., and Ronald D. Lee. "Life Expectancy Reversals in Low Mortality Populations." Population and Development Review, 2024.

Grose, M. R., et al. "Insights from CMIP6 for Australia's Future Climate." Earth's Future, vol. 8, no. 5, 2020.

Guo, Rentao, et al. "Assessment of the Analytic Burned Area Index for Forest Fire Severity Detection Using Sentinel and Landsat Data." Fire, vol. 7, no. 1, 2024, p. 19.

Haines, H. A., J. M. Olley, J. Kemp, and N. B. English. "Progress in Australian Dendroclimatology: Identifying Growth Limiting Factors in Four Climate Zones." Science of The Total Environment, vol. 572, 2016, pp. 412-421.

Heinrich, I., K. Weidner, G. Helle, H. Heinz, J. Vos, and C. G. Banks. "Hydroclimatic Variation in Far North Queensland since 1860 Inferred from Tree Rings." Palaeogeography, Palaeoclimatology, Palaeoecology, vol. 270, no. 1-2, 2008, pp. 116-127.

Heinrich, I., K. Weidner, G. Helle, H. Vos, J. Lindesay, and J. C. G. Banks. "Interdecadal Modulation of the Relationship between ENSO, IPO and Precipitation: Insights from Tree Rings in Australia." Climate Dynamics, vol. 33, no. 1, 2009, pp. 63-73.

Higgins, P. A., J. G. Palmer, M. P. Rao, M. S. Andersen, C. S. M. Turney, and F. Johnson. "Unprecedented High Northern Australian Streamflow Linked to an Intensification of the Indo-Australian Monsoon." Water Resources Research, vol. 58, no. 3, 2022, 2021. WR030881.

Hillier, Brian. The Economics of Asymmetric Information.

Bloomsbury Publishing, 1997.

Ho, M., A. S. Kiem, and D. C. Verdon-Kidd. "A Paleoclimate Rainfall Reconstruction in the Murray-Darling Basin (MDB), Australia: 1. Evaluation of Different Paleoclimate Archives, Rainfall Networks, and Reconstruction Techniques." Water Resources Research, vol. 51, no. 10, 2015, pp. 8362-8379.

IPCC. Climate Change 2021: The Physical Science Basis. Summary for Policymakers. Contribution of Working Group I to the Sixth Assessment Report of the Intergovernmental Panel on Climate Change, edited by V. Masson-Delmotte et al., Cambridge University Press, 2021, pp. 3-32.

Jones, Charles I., and Christopher Tonetti. "Nonrivalry and the Economics of Data." American Economic Review, vol. 110, no. 9, 2020, pp. 2819-2858.

Jong, L. M., C. T. Plummer, J. L. Roberts, A. D. Moy, M. A. J. Curran, T. R. Vance, J. B. Pedro, C. A. Long, M. Nation, and P. A. Mayewski. "2000 Years of Annual Ice Core Data from Law Dome, East Antarctica." Earth System Science Data, vol. 14, no. 7, 2022, pp.3313-3328.

Kiem, A. S., T. R. Vance, C. R. Tozer, J. L. Roberts, R. Dalla Pozza, J. Vitkovsky, K. Smolders, and M. A. J. Curran. "Learning from the Past – Using Palaeoclimate Data to Better Understand and Manage Drought in South East Queensland (SEQ) Australia." Journal of Hydrology: Regional Studies, vol. 29, 2020.

Kendall, M., and J. Gibbons. Correlation Methods, A Charles Griffin Title, Griffin, 1990, pp. 35-38.

Lough, J. M. "Rainfall Variations in Queensland, Australia: 1891-1986." International Journal of Climatology, vol. 11, no. 7, 1991, pp. 745-768.

Koski, Heli. Does Marginal Cost Pricing of Public Sector Information Spur Firm Growth? ETLA Discussion Papers, no. 1260, 2011.

Kotharkar, Rajashree, et al. "Numerical Analysis of Extreme Heat in Nagpur City Using Heat Stress Indices, All-Cause Mortality and Local Climate Zone Classification." Sustainable Cities and Society, vol. 101, 2024.

Lacity, Mary C., Leslie P. Willcocks, and Shaji Khan. "Beyond Transaction Cost Economics: Towards an Endogenous Theory of Information Technology Outsourcing." The Journal of Strategic Information Systems, vol. 20, no. 2, 2011, pp. 139-157.

Lin, Peiqun, et al. "Advancing and Lagging Effects of Weather Conditions on Intercity Traffic Volume: A Geographically Weighted Regression Analysis in the Guangdong-Hong Kong-Macao Greater Bay Area." International Journal of Transportation Science and Technology, vol. 13, 2024, pp. 58-76.

Lough, J. M. "Great Barrier Reef Coral Luminescence Reveals Rainfall Variability over Northeastern Australia since the 17th Century." Paleoceanography, vol. 26, no. 2, 2011.

Mann HB (1945) Nonparametric test against trend. Econometrica 13:245-259.

Martel, John W., and J. Matthew Sholl. "Impact of Weather and

Climate Change on Mass Gathering Events." Mass Gathering Medicine: A Guide to the Medical Management of Large Events (2024): 305.

Mitchell, D.L. ,R. Greinert, F.R. de Gruijl, K.L. Guikers, E.W. Breitbart, M. Byrom, et al. "Effects of chronic low-dose ultraviolet B radiation on DNA damage and repair in mouse skin". Cancer Res, 59 (1999), pp. 2875-2884

Miłuch, Oktawia, and Katarzyna Kopczewska. "Fresh air in the city: the impact of air pollution on the pricing of real estate." Environmental Science and Pollution Research 31.5 (2024): 7604-7627.

Morales MS, Cook ER, Barichivich J, Christie DA, Villalba R, LeQuesne C, Srur AM, Ferrero ME, Gonzalez-Reyes A, Couvreux F, Matskovsky V, Aravena JC, Lara A, Mundo IA, Rojas F, Prieto MR, Smerdon JE, Bianchi LO, Masiokas MH, Urrutia-Jalabert R, Rodriguez-Caton M, Munoz AA, Rojas-Badilla M, Alvarez C, Lopez L, Luckman BH, Lister D, Harris I, Jones PD, Williams AP, Velazquez G, Aliste D, Aguilera-Betti I, Marcotti E, Flores F, Munoz T, Cuq E, Boninsegna JA. "Six hundred years of South American tree rings reveal an increase in severe hydroclimatic events since mid-20th century". Proc Natl Acad Sci U S A (2020). 117(29):16816-16823.

Mudelsee M. "Extreme value time series. In: Climate Time Series Analysis". Atmospheric and Oceanographic Sciences Library, (2014)vol 51, pp 217?267. Springer, Cham.

Mudelsee M, Borngen M, Tetzlaff G, Grunewald U (2003) No upward trends in the occurrence of extreme floods in central Europe. Nature 425(6954):166-169.

Mudelsee M, Borngen M, Tetzlaff G, Grunewald U "Extreme floods in central Europe over the past 500 years: role of cyclone pathway "Zugstrasse Vb." J Geophys Res: Atmos. (2004) 109:D23101.

Mukherjee S, Mishra A, Trenberth KE "Climate change and drought: a perspective on drought indices". Curr Clim Change Rep (2018) . 4(2):145-163.

Murphy BF, Timbal B "A review of recent climate variability and climate change in southeastern Australia". Int J Climatol (2008). 28(7):859-879.

Mutaqin, Bambang Kholiq, et al. "Comparisons and influence temperature humidity index to dairy cow productivity based on farm altitude." Agrivet: Jurnal Ilmu-Ilmu Pertanian dan Peternakan (Journal of Agricultural Sciences and Veteriner) 12.1 (2024): 13-18.

Nasseri, Mohsen, and Alireza Koucheki. "Does snow storage affect the Palmer drought severity index? Revisiting PDSI drought indicator via conceptual model and large-scale information." Physics and Chemistry of the Earth, Parts A/B/C 135 (2024): 103608.

Nickdoost, Navid, et al. "A composite index framework for quantitative resilience assessment of road infrastructure systems." Transportation Research Part D: Transport and Environment 131 (2024):104180.

Olleros, F. Xavier. "Antirival goods, network effects and the sharing economy." Published in: First Monday 23.2 (2018).

Palmer JG, Cook ER, Turney CSM, Allen K, Fenwick P, Cook BI, O'Donnell A, Lough J, Grierson P, Baker P. "Drought variability in the eastern Australia and New Zealand summer drought atlas" (ANZDA, CE 1500-2012) modulated by the Interdecadal Pacific Oscillation. Environ Res Lett. (2015) 10(12):4002.

Palmer, J.G., Verdon-Kidd, D., Allen, K.J. et al. Drought and deluge: the recurrence of hydroclimate extremes during the past 600 years in eastern Australia's Natural Resource Management (NRM) clusters. Nat Hazards (2024). 120, 3565-3587

Palmer WC (1965) Meteorological drought. US Department of Commerce, Weather Bureau
Peel MC, McMahon TA, Finlayson BL "Continental differences in the variability of annual runoff-update and reassessment". J Hydrol (2004) 295(1?4):185-197.

Pathivada, Bharat Kumar, Arunabha Banerjee, and Kirolos Haleem. "Impact of real-time weather conditions on crash injury severity in Kentucky using the correlated random parameters logit model with heterogeneity in means." Accident Analysis & Prevention 196 (2024): 107-453.

Peng, Yuwen, et al. "Reconstructing historical forest fire risk in the non-satellite era using the improved forest fire danger index and long short-term memory deep learning-a case study in Sichuan Province, southwestern China." Forest Ecosystems 11 (2024): 100-170.

Raban, Daphne R., and Julia Włodarczyk. "Information economics examined through scarcity and abundance." The Elgar Companion to Information Economics. Edward Elgar Publishing, 2024. 2-19.

Rafi, Shahnawaz, et al. "Extreme weather events and the

performance of critical utility infrastructures: a case study of Hurricane Harvey." Economics of Disasters and Climate Change 8.1 (2024): 33-60.

Ramos Coronado, Luis, et al. "Initial Evaluation of the Merit of Guar as a Dairy Forage Replacement Crop during Drought-Induced Water Restrictions." Agronomy 14.6 (2024): 1092.

Roman, Emma (2024). The Diurnal Fluctuations and Effects of UV on Escherichia coli in Jackson, WY Recreational Streams. Middlebury. Thesis.

Romps, David M. "Heat index extremes increasing several times faster than the air temperature." Environmental Research Letters 19.4 (2024): 041002.

Salas, Renee N., et al. "Impact of extreme weather events on healthcare utilization and mortality in the United States." Nature Medicine 30.4 (2024): 1118-1126.

Schiller, Dan. How to think about information. University of Illinois Press, 2024.

Shonhe, Liah. "A literature review of information dissemination techniques in the 21st century era." Library Philosophy and Practice (e-journal) 1731 (2017).

Selwood KE, Zimmer HC (2020) Refuges for biodiversity conservation: a review of the evidence. Biol Cons 245:108502.

Sheather SJ, Jones MC (1991) A reliable data-based bandwidth selection method for kernel density estimation. J R Stat Soc Series B (methodol) 53(3):683-690

Shen, Danna, Xiaofeng Zhang, and Xinyu Zhao. "The impact of weather forecast accuracy on the economic value of weather-sensitive industries." (2024)

Shokouhi, Mojtaba, et al. "Calibration and evaluation of the Forest Fire Weather Index (FWI) in the Hamoun wetland area." Journal of Natural Environmental Hazards 13.39 (2024): 45-60.

Skevas, Theodoros, Benjamin Brown, and Wyatt Thompson. "Inferring impacts of weather extremes on the US crop transportation network." (2024).

Stahle DW, Cook ER, Burnette DJ, Villanueva J, Cerano J, Burns JN, Griffin D, Cook BI, Acuna R, Torbenson MCA, Szejner P, Howard IM (2016) The Mexican drought atlas: tree-ring reconstructions of the soil moisture balance during the late pre-Hispanic, colonial, and modern eras. Quatern Sci Rev 149:34-60.

Stiglitz, Joseph E., and Andrew Kosenko. "Robust theory and fragile practice: Information in a world of disinformation Part 1: Indirect communication." The Elgar Companion to Information Economics. Edward Elgar Publishing, 2024. 20-52.

Stoop, Laurens P., et al. "The climatological renewable energy deviation index (credi)." Environmental Research Letters 19.3 (2024): 034021

Svensson, Lars E. O. "Social value of public information: Comment: Morris and shin (2002) is actually pro-transparency, not con." American Economic Review 96.1 (2006): 448-452.

Swain, Chinmaya Kumar. "Environmental pollution indices: a

review on concentration of heavy metals in air, water, and soil near industrialization and urbanisation." Discover Environment 2.1 (2024): 5.

Taleb NN (2007) The black swan: the impact of the highly improbable. Penguin Books. 366pp.

Tellman B, Lall U, Islam AKMS, Bhuyan MA (2022) Regional index insurance using satellite-based fractional flooded area. Earth's Fut 10(3):e2021EF002418.

Tozer CR, Vance TR, Roberts JL, Kiem AS, Curran MAJ, Moy AD (2016) An ice core derived 1013-year catchment-scale annual rainfall reconstruction in subtropical eastern Australia. Hydrol Earth Syst Sci 20(5):1703-1717.

Tozer CR, Kiem AS, Vance TR, Roberts JL, Curran MAJ, Moy AD (2018) Reconstructing pre-instrumental streamflow in Eastern Australia using a water balance approach. J Hydrol 558:632-646.

van der Schrier G, Barichivich J, Briffa KR, Jones PD (2013) A scPDSI-based global data set of dry and wet spells for 1901?2009. J Geophys Res: Atmos 118(10):4025?4048.

Verdon-Kidd DC, Kiem AS (2009) Nature and causes of protracted droughts in southeast Australia: comparison between the Federation, WWII, and Big Dry droughts. Geophys Res Lett 36(22):L22707.

Verdon-Kidd DC, Hancock GR, Lowry JB (2017) A 507-year rainfall and runoff reconstruction for the Monsoonal North West Australia derived from remote paleoclimate archives. Glob Planet Change 158:21-35.

Vogel E, Donat MG, Alexander LV, Meinshausen M, Ray DK,

Karoly D, Meinshausen N, Frieler K (2019) The effects of climate extremes on global agricultural yields. Environ Res Lett 14(5):4010.

Waha K, Clarke J, Dayal K, Freund M, Heady C, Parisi I, Vogel E (2022) Past and future rainfall changes in the Australian midlatitudes and implications for agriculture. Clim Change 170(3-4):29.

Wang, Zekun, et al. "Zoonotic spillover and extreme weather events drive the global outbreaks of airborne viral emerging infectious diseases." Journal of Medical Virology 96.6 (2024): e29737.

Wilkins, Emily J., and Lydia Horne. "Effects and perceptions of weather, climate, and climate change on outdoor recreation and nature-based tourism in the United States: A systematic review." PLOS Climate 3.4 (2024): e0000266.

Wimmer, Anna Christina. Forecasting flight delays with climate data and implications for the airline industry. Diss. 2024.

Wittwer G, Waschik R (2021) Estimating the economic impacts of the 2017?2019 drought and 2019?2020 bushfires on regional NSW and the rest of Australia. Aust J Agric Resour Econ 65(4):918-936.

Włodarczyk, Julia. "Information and income distribution: The perspective of information economics." The Elgar Companion to Information Economics. Edward Elgar Publishing, 2024. 81-104.

World Health Organization. Radiation: The ultraviolet (UV) index. (https://www.who.int/news-room/questions-and-answers/item/radiation-the-ultraviolet)(uv)-index). 2022.

Yim, Hyungsun, and Sandy Dall'Erba. "Impact of Extreme Weather Events on the US Domestic Supply Chain of Food Manufacturing." (2024)

Zhao, Jinping, et al. "Predicting survival time for cold exposure by thermoregulation modeling." Building and Environment 249 (2024): 111127.

산성비 시대의 농업 배출가스 트렌드

초판발행 2024년 9월 1일
지 은 이 김준모
펴 낸 이 김복환
펴 낸 곳 도서출판 지식나무
등록번호 제301-2014-078호
주   소 서울시 중구 수표로12길 24
전   화 02-2264-2305(010-6732-6006)
팩   스 02-2267-2833
이 메 일 booksesang@hanmail.net

ISBN 979-11-87170-72-3

값 18,000원